脳科学のはなし

科学の眼で見る日常の疑問

稲場秀明 著

技報堂出版

まえがき

20世紀の終わりごろから、脳科学は急速な進歩を遂げました。fMRIやPETなどの測定法が開発されて、手術をせずに人がいろいろな質問に答えるときの脳の部位の血流を測定したり、ある特定な遺伝子を欠落させたマウスの動物実験によって、脳の各部位の役割と神経伝達のしくみが明らかになりつつあります。そのような脳科学の進歩を背景に、2000年代に「脳科学ブーム」が起きました。そのなかには、脳科学という名に値しない本も出まわりました。最近は、そのような本はほぼ姿を消しましたが、大まかには2つの傾向があるように思えます。1つは、脳科学の最前線で研究に携わる脳科学者の書いた本です。専門領域がはっきりしているだけに、その領域の説明がどうしても詳しくなり、一般の人にはわかりにくい面があります。もう1つは、医師出身の脳科学者の書いた本です。医師としての専門領域に脳科学を応用しようという立場で、比較的わかりやすいのですが、その専門領域に限定された内容が多いように感じます。

筆者は、科学者の端くれに過ぎませんが、脳科学に関心を持つ者として各領域の本を読んで、自分なりにまとめてきました。そうしたなかで、これは本にできるかも知れないと思うようになり、自分が脳科学に関する本を書く資格があるかと自問自答しながらも原稿を書き進めてきました。書き進めるなかで、脳科学の中の一つひとつの専門にとらわれることのない立場であれば、かえって脳科学全体を見渡すことができるのではないかと思うようになりました。一般の人にとって、脳科学全体を把握するのはとても大変なことです。しかし、この本一冊あれば、脳科学の概要を知ることができるのではないかと思います。さらに、脳科学全体を見渡すなかでとても重要な結論に導かれました。

それは、健全な脳をつくるために最もよい方法は、運動するということです。有酸素運動を習慣化することにより、脳の栄養因子や成長因子が増えます。脳の血流が増え、海馬などで新しい神経細胞が増えます。セロトニンやドーパミンなどの神経伝達物質が増えてストレスに強くなり、集中力が高くなります（第50話、第67話、第78話、第80話）。さらに、第84話では、東北大学名誉教授の松澤大樹氏による、治療が困難とされているうつ病、統合失調症、認知症の3つの病気を一体に捉えた治療法により、治癒率はうつ病と統合失調症は80～90％、認知症は約50％となっていることを紹介しました。これらの治療の中核は、習慣化された運動による神経幹細胞の増殖と分化です。松澤氏は、運動療法に薬剤療法と食事療法を加えて、セロトニンの増加とドーパミンの減少を実現し、新しい神経細胞の増殖によって治療が達成されるとしています。

なぜ、運動すると脳が活性化するかは、ヒトの進化の過程を考える必要があります。ヒトはこの約２５０万年間ほぼ狩猟採集の生活をしてきました。農業が始まったのは約1万年前に過ぎないからです。２５０万年前ごろの地球は、寒冷化によってアフリカの熱帯雨林が縮小し、一部サバンナ化しました。そのため、森からサバンナに出てきたヒトの祖先は、食べ物を求めて広い大地を長時間歩いたり、狩りをして走り回るようになりました。そして約２５０万年もの間、長時間歩いたり走り回り続けた結果、それに合うように脳が進化しました。動物は元々動くことが有利になるように進化してきています。進化の原則は必要なものを伸ばし、必要でないものを退化させることです。走ることが有利になるように脳も進化し、運動すると脳も活性化するようになったと考えられます。

近年、年を追うごとに高齢化が進行し、人生１００年時代を迎えようとしています。しかし、ただ長生きするだけでは意味がなく、生活の質を良くすることが大切です。生活の質を良くするためには、脳を活性化させることが一番です。脳を活性化させると、ストレスに強くなり（第71話）、いろいろな面で生活の質が良くなり（第68話）、若さと楽しさと目標を持った生活になります（第78、80話）。それらの話題の中では、そのための生活習慣が書かれています。もちろん、この方法は高齢者だけに当てはまるのではなく、若者にも共通して言えることです。

本書は、第1章から第13章まであります。第1章は脳に関する基礎知識が述べられ、第2章から第13章までは、脳科学に関わる主要な領域がほぼ網羅されています。筆者としては、脳科学の基本的原理を踏まえつつ、なるべくわかりやすく書いたつもりです。第1話から順番に読むとわかりやすくはなっていますが、興味のある話題から拾い読みしていただいて結構です。特に一番最後の第84話は筆者として、是非とも読んでいただきたい話題です。途中から読んで、わかりにくい用語などありましたら前に戻って拾い読みしていただければと思います。

本書の出版にあたり、出版を認めてくださり、本のフォーマットに関する貴重な示唆をいただいた技報堂出版（株）編集部長の石井洋平氏、および直接編集に携わってくださり、有益な助言をいただいた同社編集部の伊藤大樹氏に深く感謝したいと思います。

本書は筆者の大学院時代（東大向坊研究室）の先輩で、（株）ベンチャー・アカデミアの代表取締役（横浜国立大学名誉教授）の朝倉祝治先生に捧げたいと思います。２０１９年に『地球と環境のはなし』の本を出したときに、「これが最後です」と言って朝倉さんにお渡ししました。そうしたら、後からメールがきて、「自分の限界をそう簡単に決めるものではない。もっとできるはずだ」という趣旨のお叱りを受けました。それで、思い直して新たに目標を設定し直し、あえて専門外の領域に足を踏み入れた次第です。朝倉さんのお叱りがなかったらこの本は生まれなかったと思い、感謝しています。

２０２０年10月

稲場　秀明

《著者紹介》

稲場 秀明（いなば・ひであき）

1942 年　富山県滑川市生まれ
1965 年　横浜国立大学工学部応用化学科卒業
1967 年　東京大学工学系大学院工業化学専門課程修士修了
同　年　ブリヂストンタイヤ（株）入社
1970 年～　名古屋大学工学部原子核工学科助手，助教授を経る
1986 年　川崎製鉄（株）ハイテク研究所および技術研究所主任研究員
1997 年　千葉大学教育学部教授
2007 年　千葉大学教育学部定年退職

工学博士

主な著書
地球と環境のはなし―科学の眼で見る日常の疑問，技報堂出版，2019
波のはなし―科学の眼で見る日常の疑問，技報堂出版，2019
温度と熱のはなし―科学の眼で見る日常の疑問，大学教育出版，2018
色と光のはなし―科学の眼で見る日常の疑問，技報堂出版，2017
水の不思議―科学の眼で見る日常の疑問，技報堂出版，2017
エネルギーのはなし―科学の眼で見る日常の疑問，技報堂出版，2016
空気のはなし―科学の眼で見る日常の疑問，技報堂出版，2016
氷はなぜ水に浮かぶのか―科学の眼で見る日常の疑問，丸善，1998
携帯電話でなぜ話せるのか―科学の眼で見る日常の疑問，丸善，1999
大学は出会いの場―インターネットによる教授のメッセージと学生の反響，大学教育出版，2003
反原発か，増原発か，脱原発か―日本のエネルギー問題の解決に向けて，大学教育出版，2013

趣味はテニスと囲碁
千葉市花見川区在住（hsqrk072@ybb.ne.jp）

目　次

第1章　脳のしくみ

第2章　感覚と脳

第3章　記憶と脳

第4章　言語と脳

第5章　学習と脳

第6章　運動と脳

第7章 情動と脳

第8章 性格と脳

第1章

脳のしくみ

脳は生命の維持と身体活動および精神活動の中枢で、大脳、大脳辺縁系、脳幹、小脳よりなり、莫大な数の神経細胞のネットワークによって支えられている。本章では、これらの部位の機能やしくみについて紹介し、ヒトの脳は動物の進化の過程をどのように引き継いでいるかについても述べる。近年、脳科学が急速に進歩した要因についても紹介する。

第1話 脳とはどんなものか？

脳は心臓や胃腸などと同じく臓器の1つである。脳は莫大な数の神経細胞のネットワークを持ち、生命の維持と精神活動を行っている。生命を維持するために血液の循環、呼吸、消化、体温維持、運動などを脳から指令している。生命維持機能は爬虫類など進化的に古い脳が持っている機能で、無意識に行われることが多い。さらに、知性、感情、意思などの精神活動を行うための機能は、主として進化的に新しい大脳皮質の発達によるものである。

■脳の重さと細胞の数

脳の重さは成人で1200～1500g、体重の2～2・5%を占めている。ヒトの細胞は身体全体で約60兆個あるが、そのうち神経細胞（ニューロン）は千数百億個もある。神経細胞が集まってネットワークを作り情報のやり取りをしている。神経細胞からは樹状突起が出ていてその先端部分の次の神経細胞との間隙をシナプスという。その間隙はシナプス間隙と呼ばれ、神経伝達物質が情報を伝えている。シナプスは神経細胞1個あたり1000～2000個あり、各神経細胞からの情報のやり取りをしている。シナプスは100～200兆個あることになる。

脳の重さは体重の2%程度だが、脳のエネルギー消費は体全体の20%にもなり、ブドウ糖を酸化することでエネルギーを得ている。成人男性の脳が1日に必要なブドウ糖の量は約120gで、酸素を運ぶため毎分650～700mlの血液が流れている。ブドウ糖や酸素の供給が十分でないと脳の機能が果たせなくなり、ひどい場合は昏睡状態になる。

■脳の保護機構

脳は非常に傷つきやすいので固い頭蓋骨に覆われ、その内側には厚く強い硬膜、線維がクモの巣状に走るくも膜、脳に直接接する軟膜の三重の膜で保護されている。脳を保護する膜の構造を**図1**に示す。くも膜と軟膜の間の空間はくも膜下腔《くう》と呼ばれ、脳脊髄《せきずい》液で満たされている。脳脊髄液は無色透明の液体で、脳内に約150mlあり、脳はこの髄液に浮かんだ状態で衝撃から保護されている。

■脳の構造

脳の構造を**図2**に示す。脳は大脳、大脳辺縁系《へんえんけい》、脳幹、小脳よりなる。脳幹は進化的に最も古い脳で、脳の最も奥にある。脳幹は4つの部分に分けられていて、大脳に近

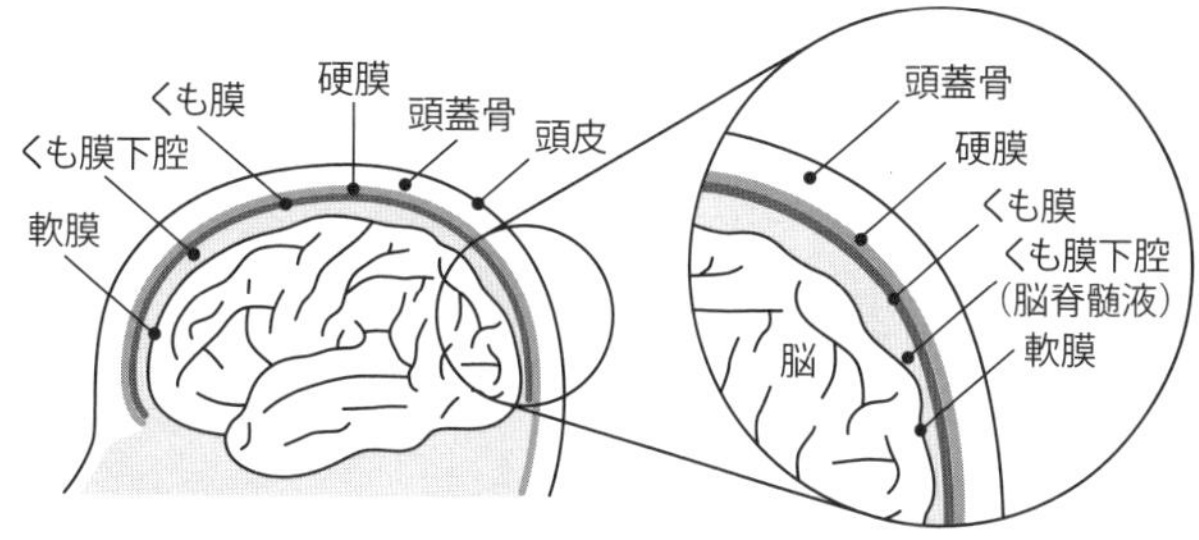

図１　脳を保護する膜の構造

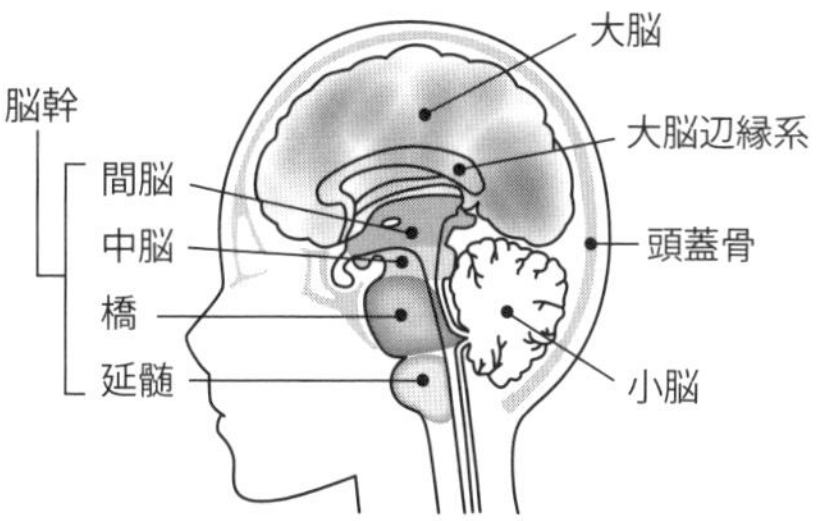

図２　脳の構造

い側から、間脳、中脳、橋《きょう》、延髄と呼ぶ。生存の上で欠かせない自律機能を直接制御している部位である。脳幹の周りには大脳辺縁系と呼ばれる進化的に少し古い部位がある。大脳は精神や肉体の活動を制御する中枢である。大脳辺縁系の外側にあり、豆腐のようにぶよぶよしている。大脳は厚さ２～３㎜の層をなしており、大脳皮質と呼ばれる。大脳皮質はしわを形成することにより表面積を増大させている。

小脳は後頭部の下方にあり、重さは成人で１２０～１４０ｇで大脳の１割程度しかないが、細胞の数は大脳よりも多い。身体の平衡感覚や運動を制御している。

まとめ　脳の重さは成人で１２００～１５００ｇ、体重の２～２・５％を占めている。脳の神経細胞は千数百億個ある。脳は大脳、大脳辺縁系、脳幹、小脳よりなる。血液の循環、呼吸、消化、体温維持、運動などの生命維持機能を脳幹が受け持つ。知性、感情、意思などの精神活動の機能は主として大脳が受け持つ。小脳は身体の平衡感覚や運動を制御している。

第2話 動物の脳はどのように進化したか？

地球上に存在するすべての動物は、脳を持っている。動物は動く能力を獲得するために、動きを制御する脳を持つ必要があった。脳は生物の進化とともに発達してきた。脳は基本構造を変化させるのではなく、新しい機能を付け加えて進化してきた。そのため、動物の脳の進化を知ることは、ヒトの脳の成り立ちを知ることになる。動物は脳をつくることによって、高度な情報処理を可能とした。

■動物の進化における脳の獲得

5・4億年ほど前のカンブリア紀に誕生した動物の多くは、体を動かすために神経細胞が集合した神経節を獲得した。それらの神経節が集中化して脳を形成したものと考えられる。それらは脊椎《せきつい》動物に最も近縁な無脊椎動物である現在のホヤのような生物であったと考えられている。ホヤの脳は終脳《しゅうのう》あるいは大脳に相当する部分を持ってない。

■脊椎動物における脳の形成

脊椎動物の胎生における脳の生成は、**図3**に示すように、長さ2㎜、直径0・2㎜ほどのチューブである神経管から始まる。神経管の内側で多くの細胞がつくられ、神経管が膨らむことにより、前脳、中脳、菱脳《りょうのう》がつくられる。これらがさらに分化して生後は、大脳、視床、中脳、小脳、延髄となる。この神経管はどの脊椎動物でも共通して出現する。脊椎動物の脳は、どの動物でも基本構造は同じで、大脳、小脳、脳幹からなる。

■脊椎動物における脳の進化

魚類、両生類、爬虫類では、脳幹が脳の大部分を占めている。脳幹は反射や、摂食、交尾のような本能的な行動をつかさどる。魚類と両生類では、大脳には生きていくために必要な本能や感情をつかさどる大脳辺縁系しかない。進化的に古い大脳辺縁系は古皮質と呼ばれる。

動物は、魚類→両生類→爬虫類→鳥類→哺乳類→ヒトと進化するにしたがって、脳も進化した。魚類では生存本能に関わる脳幹が脳の大部分を占めた。両生類では魚類よりも大脳が発達したが小脳は縮小した。爬虫類では大脳辺縁系が拡大し、外界刺激と本能的な行動が直結するようになった。鳥類は空を飛ぶ複雑な運動能力のため小脳が発達した。哺乳類では大脳が拡大し、外界刺激が行動に結びつくようになった。

ヒトでは、大脳がさらに拡大し、高度な精神活動に関連した大脳皮質が発達した。感覚野、言語野、運動野など

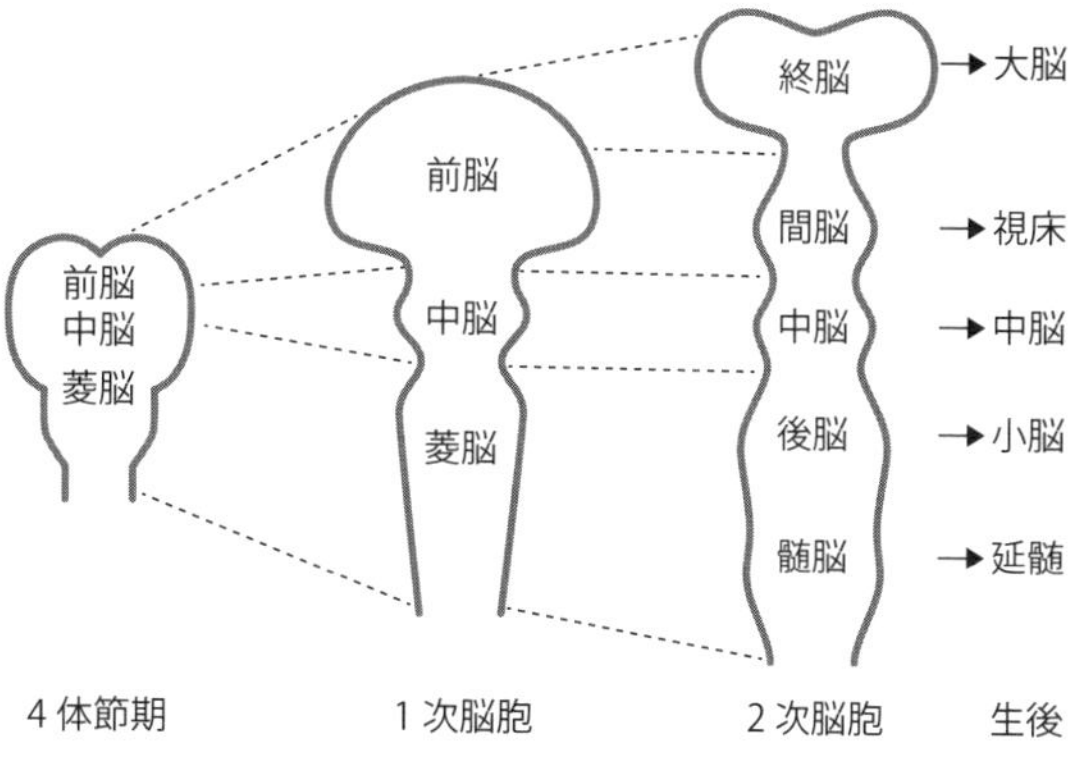

図3　脊椎動物の胎生における脳の生成

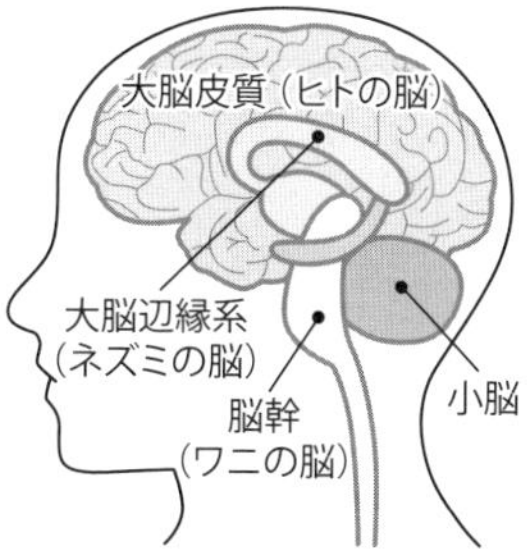

図4　脳の内部構造

の新皮質が発達して連合野を形成し、高度な認知や行動を支えるようになった。ヒトでは、新皮質が大脳の90％以上も占める。**図4**は脳の内部構造を示す。脳幹は脳の一番奥（中心部）にあり、次いで大脳辺縁系で、一番外側が大脳皮質である。爬虫類→哺乳類→ヒトとなるにしたがって、脳幹、大脳辺縁系、大脳皮質と外側に向かって進化した脳が現れた。そのことを模式的に表現して、脳幹をワニの脳、大脳辺縁系をネズミの脳、大脳皮質をヒトの脳という人もいる。しかし、大脳辺縁系は爬虫類が発生してから発達したので、大脳辺縁系をワニの脳という人もいる。これらの表現は直感的なわかりやすさを意図したものだが、正確な表現とは言えない。

まとめ　動物は脳をつくることによって、高度な情報処理が可能となった。脊椎動物の胎生における脳の生成は、神経管から始まり、神経管の内側で多くの細胞が生成し、神経管が膨らんで、前脳、中脳、菱脳ができ、これがやがて大脳、視床、中脳、小脳、延髄となる。動物の脳は基本構造は変えずに、新しい機能を付け加えて進化してきた。

第3話 脳は重いほど頭が良いか？

一般に、脳がいろいろな機能を備えて複雑化してくると、脳の容積が大きくなり、細胞の数も多くなる。したがって、脳が大きい動物は頭が良いと考えるのも一理ある。しかし、クジラの脳は大きく、大脳皮質の面積もヒトより広いが、クジラが大型化するほど神経細胞の密度は減少する。象とネズミを比較すると、象のほうが圧倒的に脳が大きく、重量では500万倍にもなる。それで500万倍、象のほうがネズミより賢いかと言えば、そうでないことは明らかである。

■脊椎動物における体重と脳の重さの関係

そこで、脳の大きさと知能を考えたときに、単純に脳の重さで比べるのではなく、体重と脳の重さの割合を比べることが考えられる。**図5**に各種脊椎動物の体重と脳の重さとの関係を対数目盛で示す。哺乳類と鳥類の体重と脳の重さとの関係は、図5の実線で示すことができ、脳の重さは体重の約2／3乗に比例するという結果が得られる。一方、爬虫類、両生類、魚類の体重と脳の重さとの関係は、図5の下のほうに破線（傾き2／3）で示される。このことから哺乳類の脳は爬虫類などに比べて、体重の影響を考慮したとしてもより重いことが示され知能が優れていると判断される。

さらに、図5について、ヒトの脳の重さは哺乳類の体重と脳の直線関係より上に大きくはみ出ていることが読み取れる。このことからヒトの脳は哺乳類の中でも特に発達したものであると言える。

■進化の過程での神経細胞の大きさと数

一般に、動物の身体が大きくなると、それに比例して神経細胞が大きくなる。しかし、霊長類の進化の過程では、神経細胞の大きさを変えるのではなく、大脳皮質の神経細胞の数を飛躍的に増やすことにより進化した。ヒトでは大脳皮質の表面積を増やすために、しわをつくるようになった。それに伴い、神経細胞の密度が高くなり、細胞間の情報のやりとりも大きく増えることになった。大きい神経細胞は神経線維を伸ばすことはできるが、情報が長い距離を走るとロスも大きくなる。そのため、ヒトの脳では情報を処理する機能を細分化し、脳のいろいろな部分に専門の「出店」をつくって分担して連絡のロスを防いでいると考えられる。そして、各「出店」からの情報連絡を密に行って高度な情報処理を少ない体積内で行っていると言える。

■ヒトの脳の重さ

人間の脳の重さは平均1200～1500gである。**表1**は有名人の脳の重さを示したものである。ツルゲーネフの脳の重さは2000gを超えていて、ビスマルクは1807gであった。ところが、相対性理論で有名なアインシュタインの脳の重さは1230gしかなかった。アナトール・フランスに至っては1017gしかなかった。この表からは「脳は重いほど頭が良い」とは言えそうもない。頭の良さは脳の重さではなく、脳の情報回路の効率などほかの要因が重要であると考えられる。

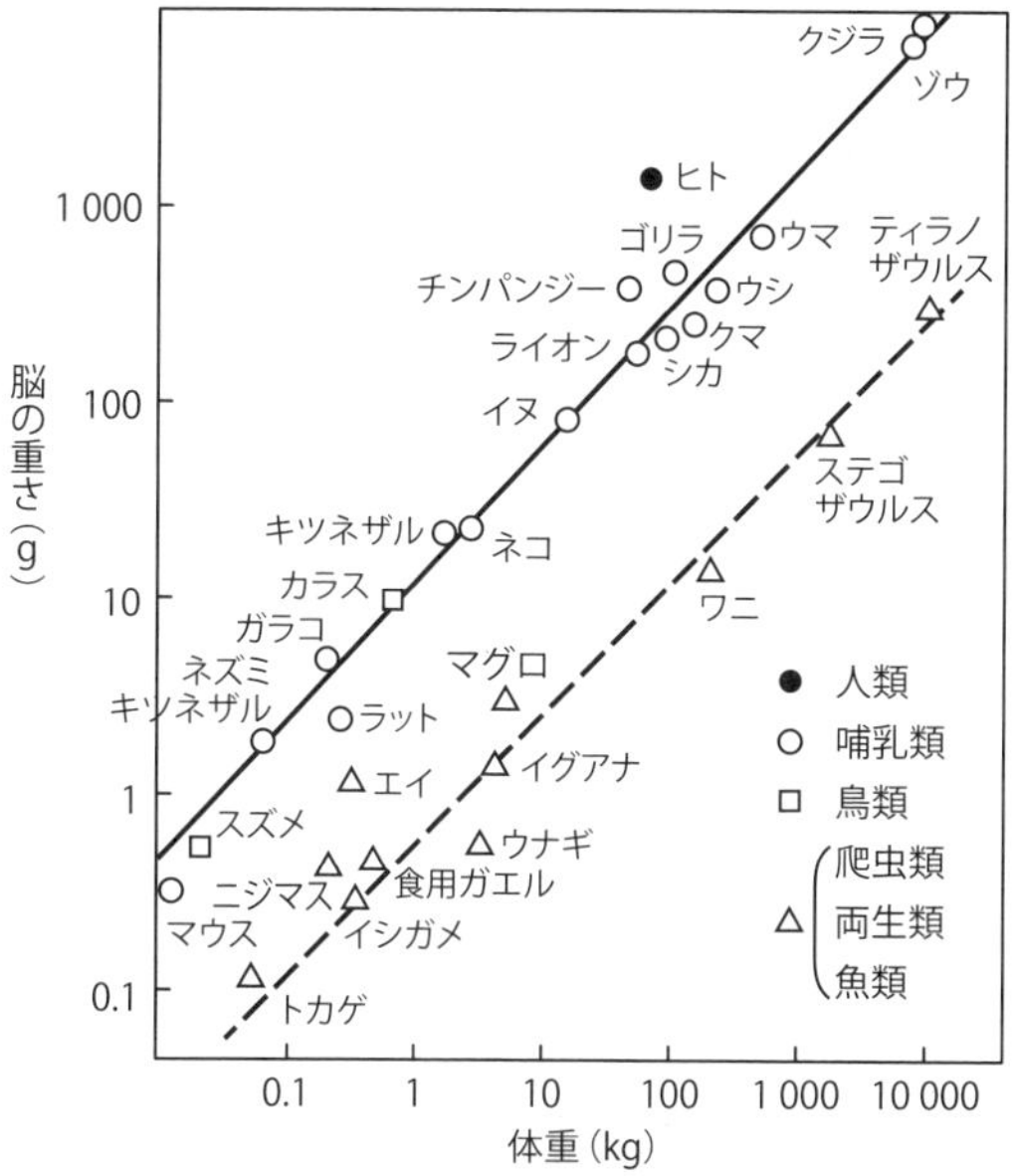

図5　各種脊椎動物の体重と脳の重さとの関係

表1　有名人の脳の重さ

国名	名前	脳の重さ
ロシア	ツルゲーネフ	2012 g
ドイツ	ビスマルク	1807 g
ドイツ	カント	1650 g
日本	夏目漱石	1425 g
ドイツ	アインシュタイン	1230 g
フランス	アナトール・フランス	1017 g

まとめ　哺乳類の脳の重さと体重との比はほぼ一定である。その比は爬虫類と比べて大きく、哺乳類は爬虫類に比べて頭が良いと言える。ヒトの脳の重さと体重との比は哺乳類の一定値より大きい。ヒトの脳は神経細胞の数を増やすことにより進化した。有名人の脳の重さの比較では、重い人も軽い人もいて、脳の重さでは頭の良さは判定できない。

第4話 大脳の働きは？

大脳は脳の全重量の約8割を占め、知覚や運動を受け持つ脳の最高中枢と言われる。大脳の表面は**図6**に示すように、大脳皮質に覆われており、外側溝（前頭葉と側頭葉の間）、中心溝（前頭葉と頭頂葉の間）、頭頂後頭溝（頭頂葉と後頭葉の間）の深い溝によって前頭葉、側頭葉、頭頂葉、後頭葉の4つの領域に分かれている。側頭葉、頭頂葉、後頭葉には感覚器などからの外部環境の情報がもたらされ、それらが前頭葉で総合的に判断されて意思決定を行い、外界に働きかける。前頭葉は4つの領域の中で最も広く約33％の面積を占める。

■大脳の各領域の機能

「前頭連合野」は、情動の制御、論理的な判断、将来予測、計画の立案など、高度な精神活動を受け持つ。「運動性言語野」は、ブローカ野とも呼ばれ、言葉を話す、文字を書くなどの筋肉運動に関する言語機能を支配する。「運動連合野」は、前頭連合野からの情報をもとに、運動の開始や手順を計画して運動野に指令を出す。「運動野」は身体の各部に対応する神経細胞によって、全身の随意運動を制御する。「体性感覚野」は皮膚や筋肉、関節などが受けた感覚情報を認識する。「頭頂連合野」は、視覚情報をもとに空間的な位置関係の把握、感覚情報の統合を行う。「視覚連合野」は、視覚野が受け取った視覚情報を分析、統合、記憶する。「側頭連合野」は、記憶、言語理解、感覚認知のしくみに関与する。「聴覚連合野」は聴覚野が受け取った情報を統合し、記憶する。

■右脳と左脳

大脳は、前頭部から後頭部に走る深い溝によって右半球と左半球に分けられる。脳が左右に分かれているのはヒトだけでなく、哺乳類に共通している。上から見て右半球を右脳、左半球を左脳と呼ぶ。左右の大脳半球は、溝の底に走る約2億本の神経線維からなる白く見える脳梁《のうりょう》によってつながっていて、さかんに情報を交換している。右脳は視覚情報や聴覚情報から得た空間的な情報を扱うのが得意で「見た目の脳」と呼ばれる。左脳は話したり、聞いたり、論理的な思考や計算が得意で、「言葉の脳」と呼ばれる。しかし、右脳でも論理的な思考に関与するし、左脳でも視覚情報や聴覚情報の処理に関与するので、左右の脳は常に情報交換している。

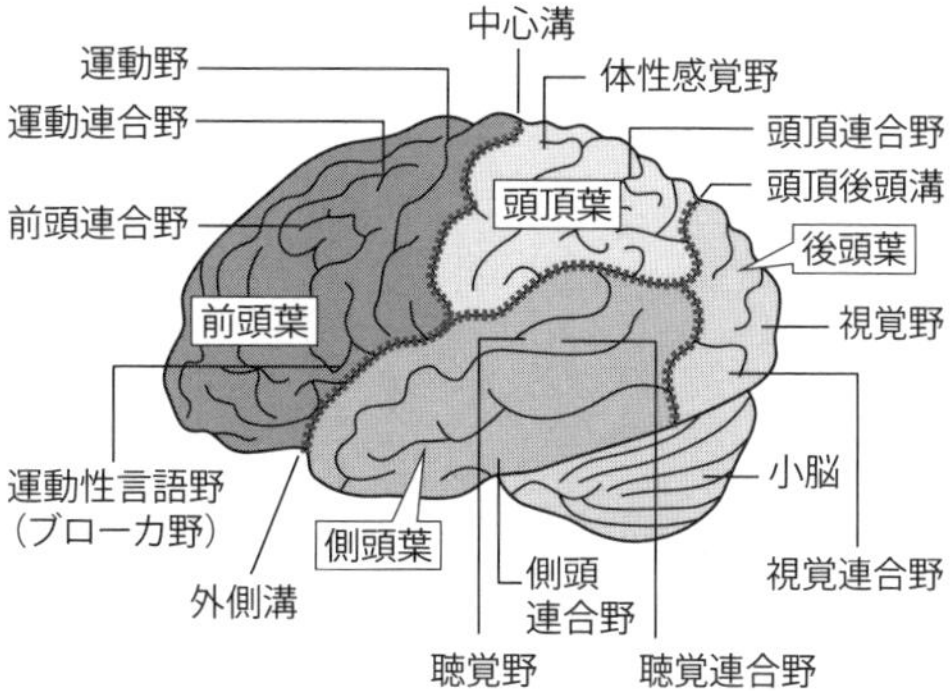

図6　大脳の各領域

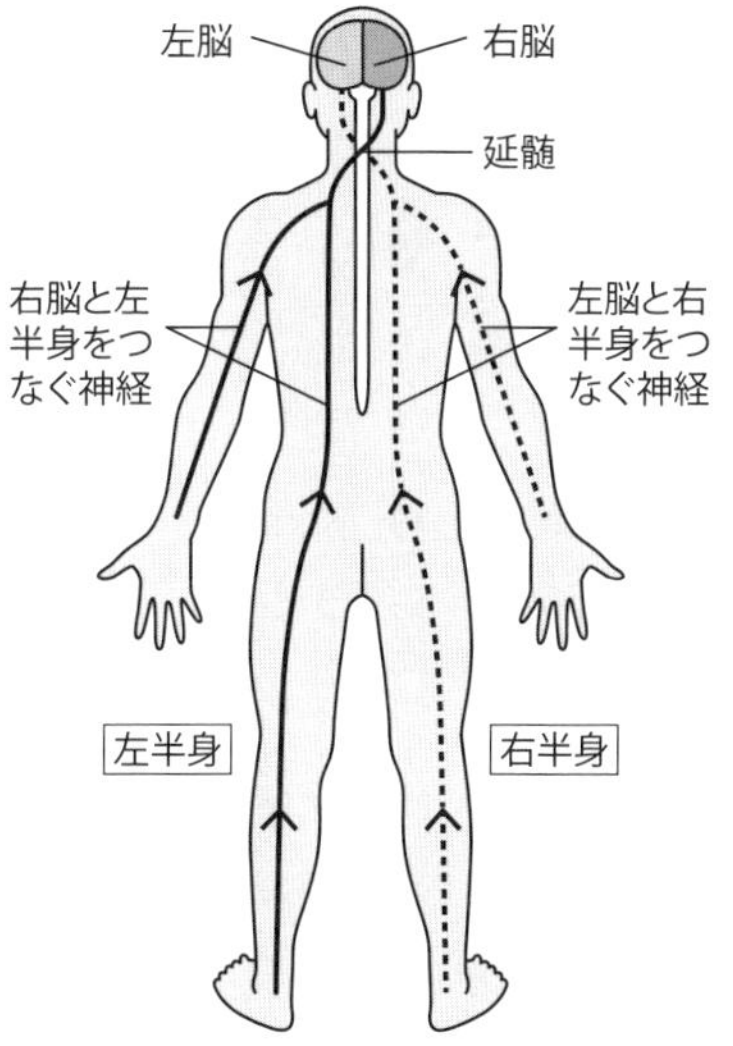

図7　脳と身体の交叉支配のしくみ

■左右の脳の交叉支配

左右の脳の神経は延髄で交叉しており、**図7**に示すように、左脳からの指令は右半身に、右脳からの指令は左半身に伝えられる。このメカニズムを交叉支配という。右脳は左の視野や左半身からの感覚情報を受け、身体の左半身を主に支配する。左脳は身体の右半身を主に支配する。脳の病気などで右脳が損傷を受けると左半身に、左脳が損傷を受けると右半身に障害が起こるのはそのためである。それでも、例えば右脳が損傷を受けると、対応する左脳が損傷をある程度カバーする機構がある。

まとめ　大脳は知覚や運動を受け持つ脳の中枢である。大脳皮質は前頭葉、側頭葉、頭頂葉、後頭葉の領域がある。側頭葉、頭頂葉、後頭葉に感覚器からの情報が入り、それが前頭葉で統合されて意思決定を行う。右脳は空間的な情報処理、左脳は会話、思考が得意である。左右の脳の神経は延髄で交叉し、左脳からの指令は右半身、右脳からの指令は左半身に伝わる。

第5話 大脳辺縁系と大脳基底核の働きは？

ヒトの大脳の内側には、進化の過程でたどってきた古い脳がある。本能的な活動、記憶、情動をつかさどる大脳辺縁系と運動と深いかかわりを持つ大脳基底核である。それらは、図4（5頁）でネズミの脳と記されている部分に相当し、大脳皮質の側頭葉の内側にある。大脳辺縁系は大脳の心棒のような脳幹をぐるりと囲むように存在している。大脳辺縁系はすべての動物に共通に存在し、生存に不可欠な機能を担っている。大脳皮質は動物種によって違いが顕著であるが、大脳辺縁系は動物種による違いは小さい。大脳辺縁系の構成要素は、**図8**に示すように、海馬《かいば》、脳弓《のうきゅう》、乳頭体《にゅうとうたい》、扁桃体《へんとうたい》、帯状回《たいじょうかい》などがある。

■大脳辺縁系の各部位の機能

「海馬」は、大脳辺縁系の中心的な部位で、記憶形成や空間学習に関わる。特に、出来事の記憶を形成するのに重要である。認知症などで海馬が萎縮または損傷すると近時記憶ができなくなる。「脳弓」は、海馬から起こって乳頭体に至る弓状の神経の束である。「扁桃体」は、アーモンド形をした神経細胞の集まりで、好き嫌いや恐怖、不安などの情動を支配する。記憶の調節にも重要な働きをしている。扁桃体の損傷が、うつ病、統合失調症などの精神疾患を引き起こすとの報告がある。「帯状回」は、大脳辺縁系の各部を結び付け、行動の動機づけや空間認知、記憶形成などに深く関わる。帯状回は、行動の面でも思考の面でも「やる気」の情報を大脳皮質に伝える働きをしている。

■大脳基底核の働き

大脳のさらに内側には、大脳基底核がある。大脳基底核の形態と各部位を**図9**に示す。尾状核《びじょうかく》と被殻《ひかく》を合わせて線条体と言う。線条体は、運動機能の制御に関与する。大脳の外周部は灰白質（神経細胞がある場所）が多いが、大脳の深いところにあるのにもかかわらず大脳基底核は灰白質である。

大脳基底核は、大脳皮質と視床、脳幹を結びつけている神経核の集まりである。淡蒼球《たんそうきゅう》や黒質《こくしつ》は視床や脳幹に情報を送る。尾状核や被殻は大脳皮質などから情報を受け取る。視床下核は情報を受けたり送ったりする。哺乳類の大脳基底核は、運動調節、認知機能、感情、動機づけや学習などさまざまな機能を担っている。

■運動系ループとパーキンソン病

運動に関して、大脳皮質→大脳基底核→視床→大脳皮

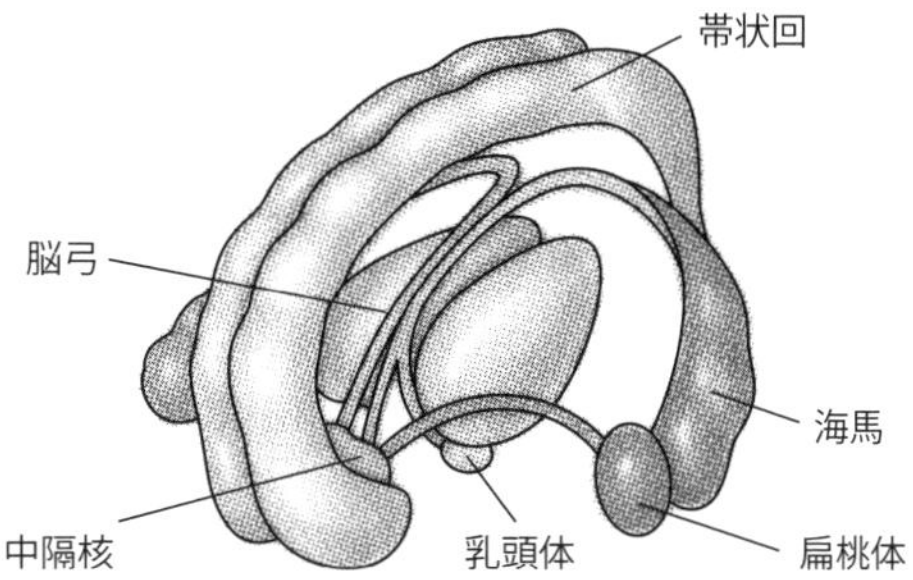

図8　大脳辺縁系の構成要素

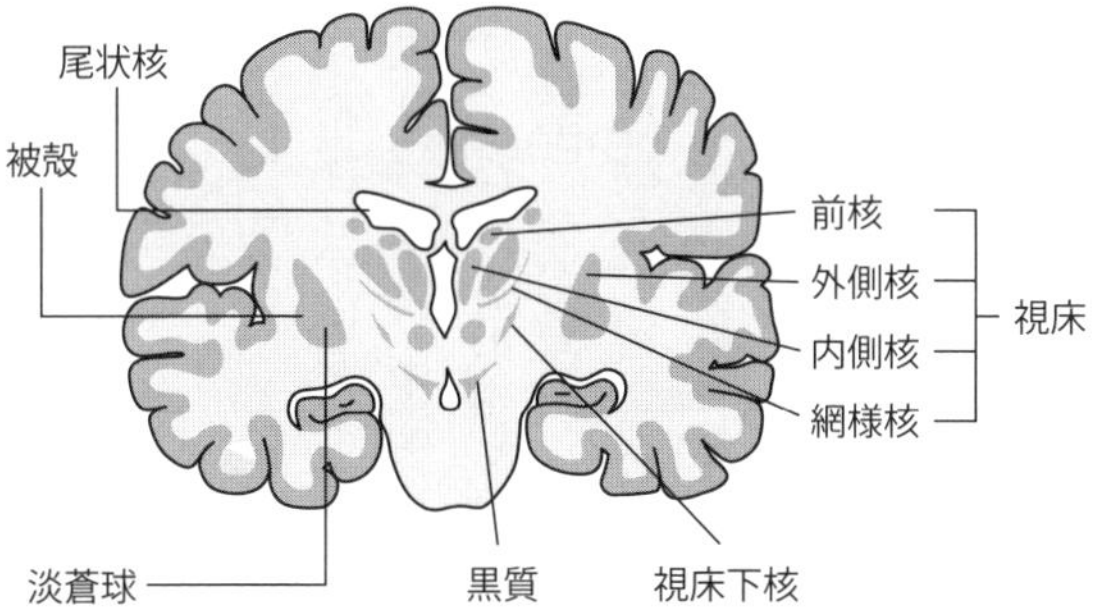

図9　大脳基底核の形態と各部位

質という情報伝達のループが形成される。これは運動系ループと呼ばれ、四肢の運動をコントロールしている。これらの回路において、ドーパミンやGABAなどの神経伝達物質が働き、神経の興奮や抑制の作用をしている。大脳基底核の機能に関して、大脳基底核の神経変性疾患における運動障害が最も明瞭である。パーキンソン病は大脳基底核変性疾患の代表的なもので、無動、寡動、安静時振戦《しんせん》、筋固縮、姿勢反射障害などの運動症状がある。

まとめ　大脳の内側には、進化的に古い大脳辺縁系と大脳基底核がある。大脳辺縁系には、海馬、扁桃体、帯状回などがある。海馬は記憶形成や空間学習、扁桃体は好き嫌いや恐怖などの情動、帯状回は行動の動機づけ、空間認知、記憶形成に関わる。大脳基底核は、運動調節、認知機能、感情、動機づけや学習などの機能を担っている。

第6話 脳幹の働きは？

脳幹は、大脳辺縁系に囲まれて脊髄につながっている太い幹状の神経組織である。各部位の位置は、図2（3頁）と**図10**に示すように、大脳に近い側から、間脳、中脳、橋、延髄となっている。脳幹は、生存のうえで欠かせない自律機能を制御している部位で、呼吸や睡眠、体温調節、代謝、姿勢、運動制御などの無意識的な生命活動を行い、「命の座」とも呼ばれる。脳幹は脳と全身を結ぶ感覚や運動神経の中継点となっている。脳幹全体には網様体《もうようたい》が広がっている。網様体は神経細胞と神経線維が入り混じったもので、呼吸や循環の中枢となっていて、意識や覚醒、睡眠の調節にも深く関わっている。脳幹が損傷を受けると、やがて大脳が機能を停止し、死に至る。

■間脳の働き

「間脳」は左脳と右脳の中間にあり、視床と視床下部よりなる。視床と視床下部を含む脳幹の各部位の位置を**図11**に示す。視床は、嗅覚以外の感覚情報を大脳に伝える機能を持ち、視床で中継された情報は大脳皮質の特定の感覚野に伝えられることで知覚が実現する。

視床下部は内分泌系と自律神経を制御し、生命の維持に関わる機能を持つので「生命中枢」とも呼ばれる。視床下部の重さは4gほどで、体積は脳全体の1%にも満たないが、多くの神経核を含み、体内環境の恒常性を実現させている。視床下部は、体温調節、摂食行動と代謝の調節、尿の制御などによる体液の恒常性の維持、睡眠および覚醒、ストレス応答、生殖行動など、生命の維持に関わる機能を制御している。こうした調節は単独で機能しているわけではなく、相互に関係する複数の行動を、バランスを取って促進または抑制することで実現している。また、下垂体と連携して内分泌系の機能も制御している。

■下垂体の働き

「下垂体」は、視床下部に接していて、生命維持に必要なホルモンを分泌する内分泌器官である。下垂体は働きが異なる前葉と後葉からなっている。前葉は生体の成長や生殖、身体の恒常性を保つホルモンを生産する。前葉ホルモンは前葉の毛細血管に分泌される。前葉から分泌されるホルモンには、身体の各部に直接働きかけるものと、甲状腺などほかの内分泌器のホルモン分泌を促すものとがある。後葉はホルモンを生産せず、視床下部で合成されたホルモンを貯蔵し、視床下部の神経刺激によって血液中に分泌する。

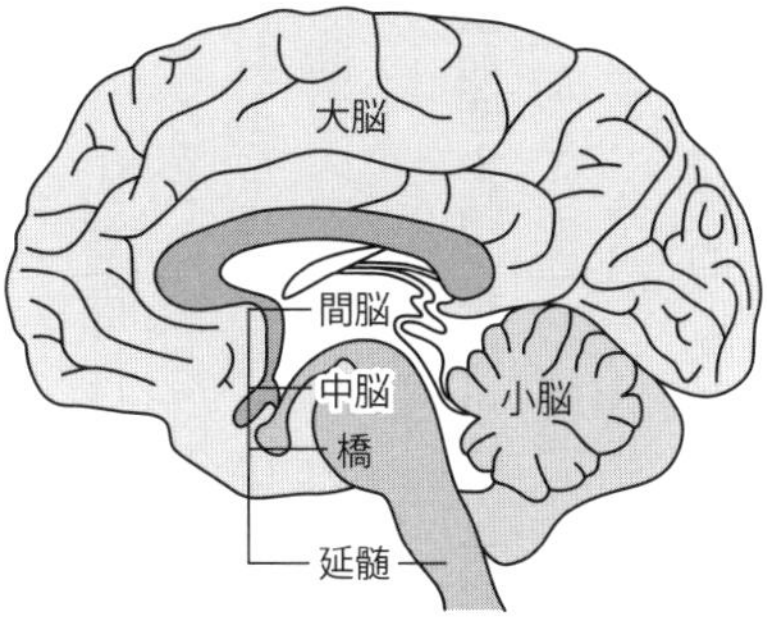

図10　脳幹の各要素

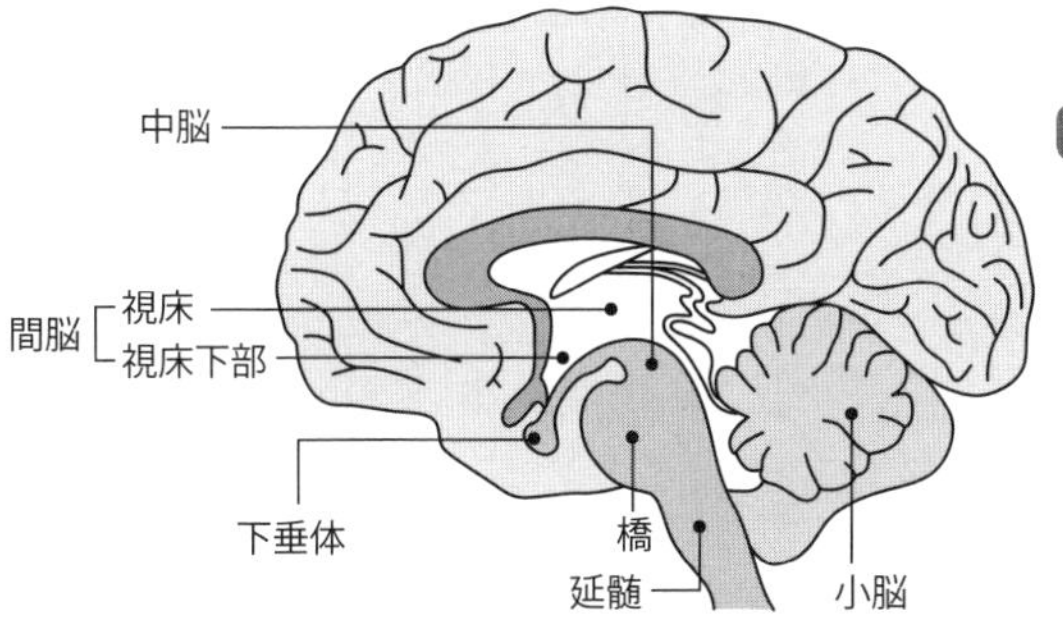

図11　脳幹の各部位の位置

■中脳、橋、延髄の働き

「中脳」は視覚や聴覚の中継点となる。無意識に運動する神経系に関係が深く、眼球運動や歩行運動などを調節している。

「橋」は全身の筋肉運動を制御し、顔面の運動、咀嚼運動、呼吸の調節にも関わっている。

「延髄」は脳幹の最下部にあり、脊髄につながる。心臓の拍動や血圧を調節する心臓中枢、呼吸中枢など、基本的な生命活動に関わる中枢がある。延髄は脊髄につながっているが、両者の間には明確な区別がない。

まとめ　脳幹は脊髄につながる太い幹状の神経組織で、間脳、中脳、橋、延髄よりなる。間脳は視床と視床下部よりなる。視床は感覚情報を大脳に伝える。視床下部は生命中枢とも呼ばれ、血圧、体温、水分の調節、性機能、内分泌系を制御している。中脳は視覚や聴覚の中継点で、橋は全身の筋肉運動を制御している。延髄は心臓の拍動、血圧や呼吸を調節する。

第7話 小脳の働きは？

小脳は、図6（9頁）、図10、図11（12頁）に示したように、脳幹の後側で大脳の下に張り出した小さな器官である。小脳はしわだらけで、しわを広げると表面積は大脳の約75%になる。重さは成人で120～140gで、脳全体の重さの10%強を占める。大脳の容積の約10%しかないのに、神経細胞の数は1000億個以上で、大脳よりもはるかに多い。小脳の主要な機能は知覚と運動機能の統合で、平衡感覚、筋緊張、随意筋運動の調節などを受け持つ。

■小脳の発生学的な分類

小脳を後ろから見ると、**図12**のように2つの半球で示される。小脳表面には横に走る溝（第一裂、第二裂、後外側裂）があり、後外側裂より下側が前庭《ぜんてい》小脳（古小脳）、第一裂より上側が脊髄小脳（旧小脳）、第一裂と後外側裂との間が大脳小脳（新小脳）に分かれている。

■前庭小脳、脊髄小脳、大脳小脳

「前庭小脳」は片葉小節葉にある。発生学的に最も古い小脳で、魚類にもある。頭部の位置や傾きの情報を前庭脳から受け取り、身体の姿勢と眼球運動を調節する。

「脊髄小脳」は小脳虫部《ちゅうぶ》および小脳半球の中間部分にある。運動や姿勢に関する情報を全身の感覚受容器から受け取り、体幹と四肢の運動を制御する。出力された信号は大脳皮質と脳幹に達し、下位の運動系を調節する。脊髄小脳には感覚地図が存在し、身体部位の空間的位置データを受け取っている。運動の最中に、身体のある部位がどこへ動くかを予測するため、固有受容入力信号の詳細な調節を行うことができる。

「大脳小脳」は小脳半球の側面部分にあり、ヒトの小脳で最も大きな部分を占める。運動の計画と感覚情報の評価を行う。大脳皮質（特に頭頂葉）からの全入力を受け取り、主に視床腹外側に出力する。信号は前運動野、一次運動野に達し、再び小脳半球へとリンクする。

■小脳に高次機能はあるか？

小脳が損傷を受けると、精密な運動が困難となり、ふらふらとした歩行となったり、指で自分の鼻をつまむのが困難になったりする。ただし、小脳が損傷しても、知覚に異常を起こすことはない。このため、小脳は高次の脳機能には関係がなく、運動を巧緻に行うための器官とみなされていた。しかし、その後に小脳がもっと高次な機能を持つと考えられる現象が相次いで報告された。

■運動以外での小脳の活動

アルツハイマー病の患者の脳をＰＥＴ（陽電子放射断層撮影）で調べたところ、頭頂連合野や側頭連合野が全く機能していないのに、小脳が活発に活動していることが判明した。アルツハイマー病の患者で大脳に損傷があっても、小脳が活動していることがわかっている。これは大脳から失われたメンタルな機能を小脳が代替していると考えられている。

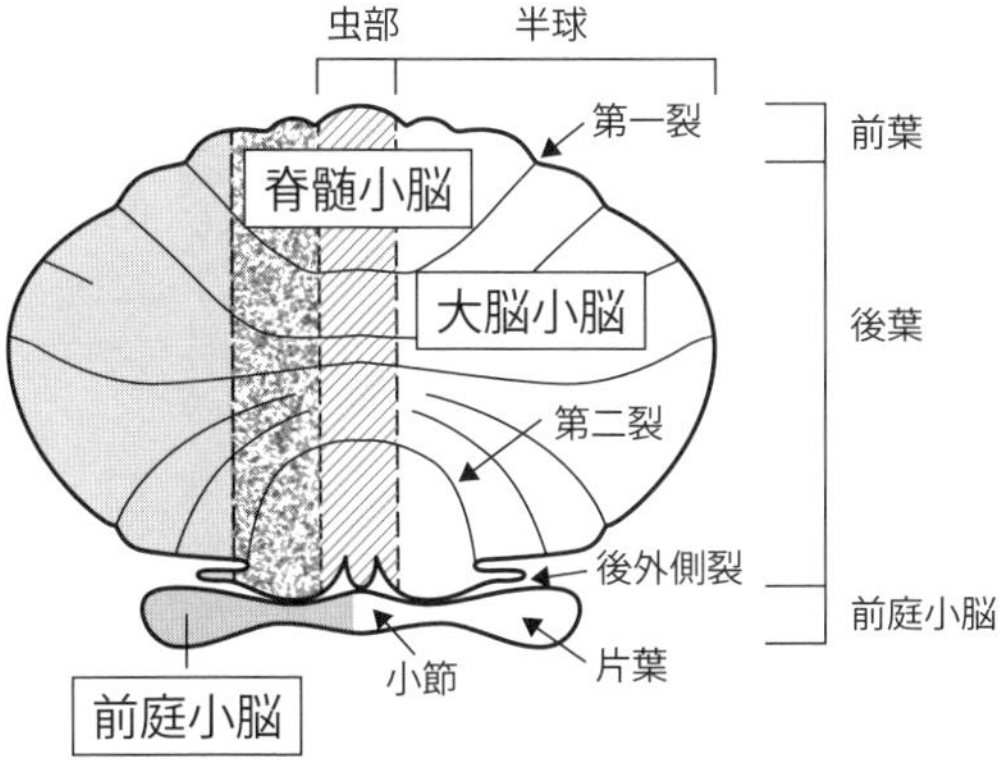

図12　小脳の構造

■小脳の学習メカニズム

小脳皮質にはプルキンエ細胞が約３０００万個存在していて、この細胞を含む「小脳回路」と呼ばれる回路が小脳の学習機能に関連すると考えられている。大脳による意識的な情報処理を、小脳にコピーすることで無意識的な学習を可能にしている。このコピーが「内部モデル」と呼ばれるもので、「小脳回路」に形成されている。この「内部モデル」の過程で、神経伝達物質のＧＡＢＡが作動し、長期抑圧という形でシナプスの信号の通り方を調節していることがわかっている。この長期抑圧が後に述べるシナプス可塑性の一例である。

まとめ　小脳は大脳の容積の約10％だが、神経細胞の数は１０００億個以上ある。小脳は前庭小脳、脊髄小脳、大脳小脳よりなる。前庭小脳は身体の姿勢と眼球運動を調節、脊髄小脳は体幹と四肢の運動を制御、大脳小脳は運動の計画と感覚情報の評価を行っている。小脳は運動以外でも大脳皮質の活動の補助を行っている。

第8話 神経細胞の働きは？

ヒトの神経細胞（ニューロン）は大脳皮質で約140億個、小脳で1000億個以上、脳全体で千数百億個ある。神経細胞からは樹状突起が出ていて隣の神経細胞とはシナプスと呼ばれる狭い間隙でつながっている。シナプスは各神経細胞に1000～2000個あり、神経細胞からの情報をやり取りしている。シナプスは100～200兆個あることになる。神経細胞と神経細胞の間にはグリア細胞があり、栄養補給など神経細胞の活動を助ける働きをしている。

■神経細胞の形態

神経細胞（ニューロン）の形態を**図13**に示す。神経細胞の大きさはヒトでは3～18㎛である。神経細胞は、細胞核、樹状突起、軸索《じくさく》の3つの要素から成り立っている。細胞体の中心には細胞核があり遺伝情報が格納され、タンパク合成など細胞としての機能はここで行われている。周辺部にはほかの細胞からの入力を受ける樹状突起があり、隣接する細胞から情報を受け取って細胞体に伝えている。細胞と細胞の間には長い線が走っており、軸索と呼ばれる。軸索の太さは1㎛程度で外側は鞘のような髄鞘《ずいしょう》（ミエリン鞘）と呼ばれる絶縁性の膜で覆われていて情報の伝達速度が速い。軸索の長さは数㎜のものから1m程度ものまである。その先端は軸索終末と呼ばれ、次の神経細胞との間にシナプス間隙がある。樹状突起や軸索などは一般の体細胞にはなく、神経細胞だけの特徴である。これらは細胞同士が情報を伝え合う回路をつくるために必要なものである。

神経細胞の基本的な機能は、神経細胞へ入力刺激が入ってきた場合に、活動電位を発生させ、ほかの細胞に情報を伝達することである。1つの神経細胞に複数の細胞から入力したり、活動電位が起きる閾値《しきいち》を変化させたりすることにより、情報の修飾が行われる。

■シナプスの働き

シナプスとは、神経情報を出力する側と入力される側の間の情報伝達のための接触構造である。基本的な構造は、図13のシナプス間隙と記した部分を拡大して**図14**に示したように、シナプス前細胞の軸索末端がシナプス後細胞の樹状突起に接触しているものである。

図14で、シナプス前膜に信号（活動電位）が届くと、直径50nm程度のシナプス小胞という袋に保存されていた神経伝達物質がシナプス間隙に放出される。間隙の大きさは20～30nmである。神経伝達物質が受けて側のシナプス後膜

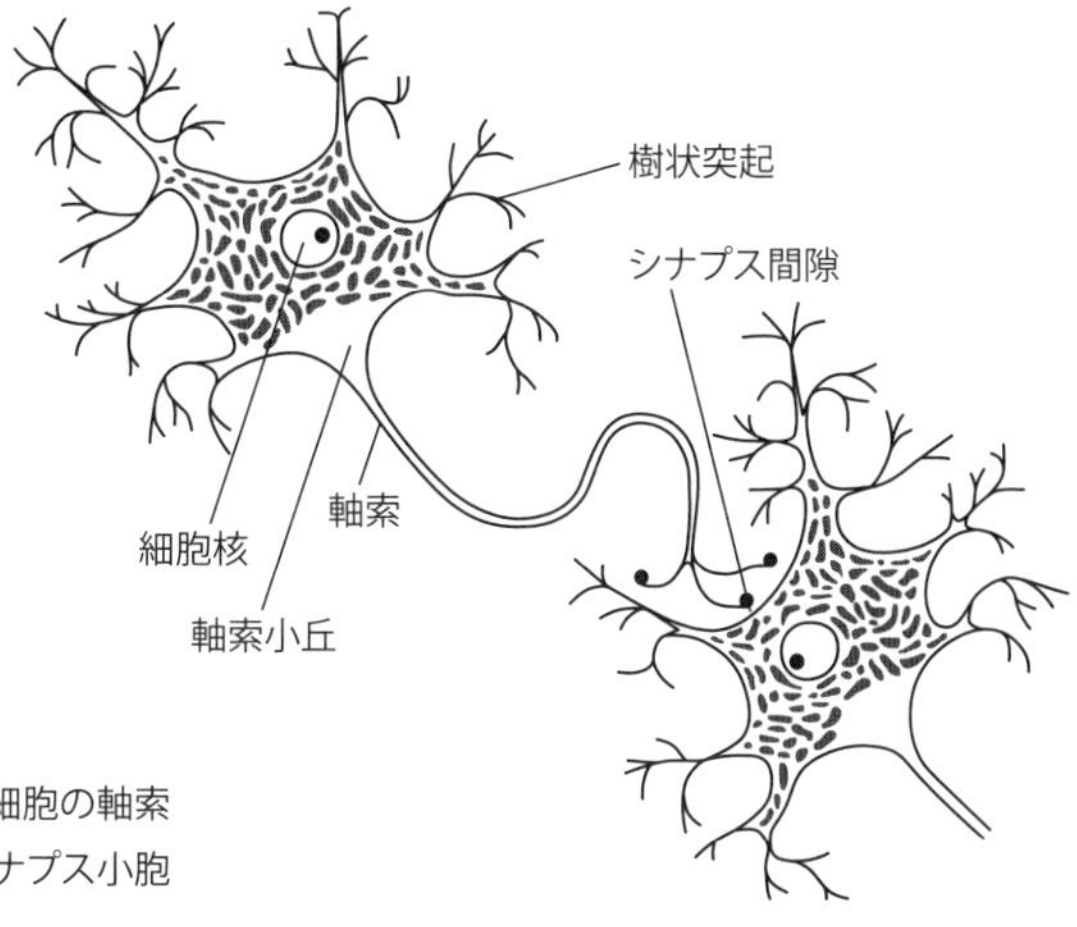

図 13　神経細胞の形態

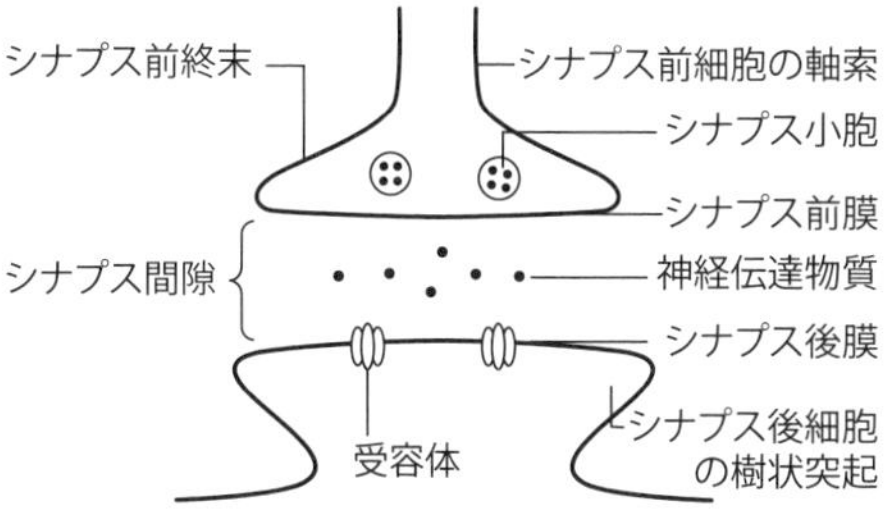

図 14　シナプス間隙における情報の伝達

の受容体に結合すると、情報がその細胞に伝達される。

情報の伝達は神経伝達物質による化学シナプスだけでなく、膜電位変化を直接次の神経細胞に伝える電気シナプスもある。

いずれのシナプスにおいても、伝達の効率は必ずしも一定ではなく、入力の強度により変化する。これをシナプス可塑性と呼び、学習・記憶の細胞メカニズムであると考えられている。

まとめ　神経細胞は大脳皮質で約140億個、脳全体で千数百億個ある。神経細胞は細胞核、樹状突起、軸索の3つよりなる。細胞の先には細長い軸索があり、その先端の次の神経細胞との間にシナプスと呼ばれる間隙がある。各神経細胞にはシナプスが1000～2000個ある。シナプス間隙で神経伝達物質が放出されると情報が次の細胞に伝わる。

第9話 神経細胞の活動電位はどのように生ずるか？

神経細胞は、信号を受け取るとそれをほかの細胞に伝えようとする。神経細胞が伝える情報は電気信号である。ただし、その電気信号はコンピュータのような電子によってではなく、イオンの流れによる。図13（17頁）に示した神経細胞の外側の膜は脂質二重層でできていて水溶液を通さない。細胞の内外のイオンの出入りは細胞膜に空いた小さな穴（イオンチャネル）を通して行われる。イオンチャネルとは、細胞の生体膜にある膜貫通タンパク質で、穴の開閉を行い、受動的にNa^+イオンやK^+イオンなどのイオンを透過させる。イオンは濃度勾配に従って移動する。通常Na^+イオンは細胞外の濃度が細胞内より高く、K^+イオンは細胞内のほうが濃度が高い。

■神経細胞の活動電位発生のメカニズム

細胞の内外はさまざまなイオンが含まれた水溶液で満たされている。刺激を受けない状態では、**図15**の（a）のように、カリウムチャネルが開いてK^+イオンが細胞の外に出て、細胞内は一定の静止膜電位（約マイナス70mV）に保たれている。そのときナトリウムチャネルは閉じている。活動電位とは、この電位差が何らかの刺激によって一時的に逆転する現象である。活動電位はスパイクやインパルスとも呼ばれる。また、活動電位に達することを「発火」と呼ぶこともある。

神経細胞が信号を受け取ると、図15の（b）のように、ナトリウムチャネルが開いて外からNa^+イオンが流入して細胞内がプラスで細胞外はマイナスの状態になる。この動きが継続して膜電位が一定の電位（閾値）を超えたとき、カリウムチャネルも開いてK^+イオンが細胞の外に出て、両方のイオンが流れる状態になる。その後、ナトリウムチャネルが閉じて始めの静止状態になる。静止状態から電位が発生し、閾値を超え、それが元の静止状態に戻るまでの電位の変化を示したグラフを図15の（c）に示す。この過程で、イオンチャネルの開閉に要する時間は約1ms、活動電位が負から正への電位の変化に要する時間は数msである。活動電位は電気生理学的手法などで測定され、軸索上の1点に置いた電極からオシロスコープによって図15（c）のように記録する。

■活動電位の伝搬

神経細胞の活動電位発生の出発点は、図13（17頁）における軸索の根元にある軸索小丘という場所である。軸索小丘でナトリウムチャネルが開いてNa^+イオンが流入すると、

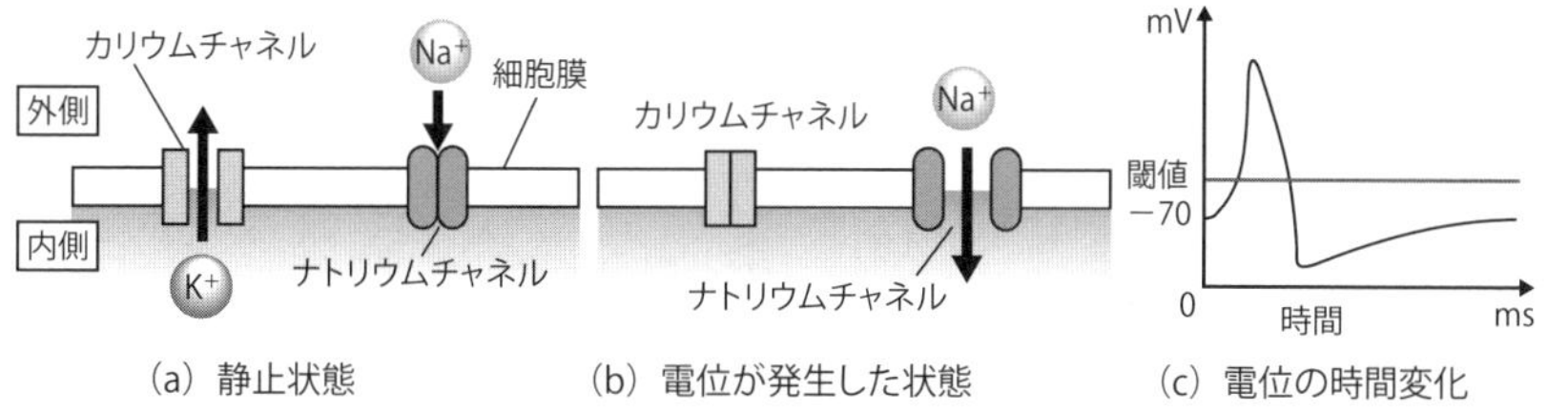

図 15　神経細胞の信号による細胞膜のイオンチャネルと電位の変化

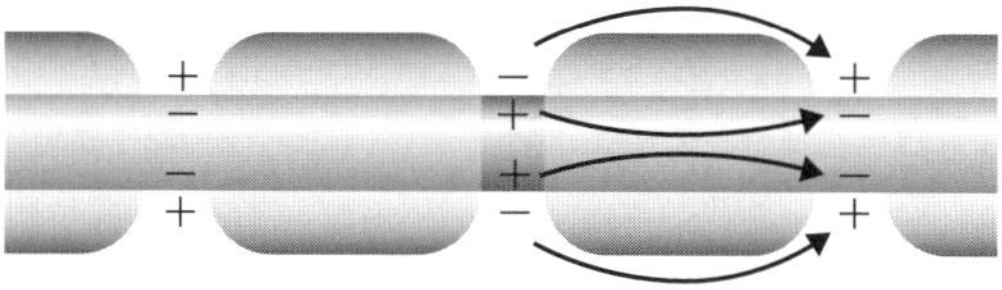

図 16　軸索を伝わる電気信号

細胞内外の電位差が小さくなる。すると、これを感知した隣の細胞のナトリウムチャネルが開いてNa^+イオンが流入する。こうした反応が、**図16**に示すように、ドミノ倒しのように連鎖的に軸索の中で続いて情報が伝わっていく。図16は有髄線維《ゆうずいせんい》のくびれ（ランヴィエ絞輪《こうりん》）をジャンプするように伝わる様子を示す。伝搬速度は10～80 m/sと速い。

まとめ　神経細胞は信号を受け取ると、細胞の内外のNa^+イオンやK^+イオンの出入りによって生ずる電位差を電気信号として次の細胞に伝える。イオンの流れは細胞膜に空いた小さな穴（イオンチャネル）を通して行われる。イオンチャネルは細胞の生体膜にある膜貫通タンパク質で、穴の開閉を行い、受動的にNa^+イオンやK^+イオンなどのイオンを透過させる。

第10話　神経伝達物質の働きは？

神経伝達物質は神経細胞内で合成され、シナプス前終末にあるシナプス小胞に貯蔵される。1つの神経細胞は1種類の神経伝達物質だけを合成する。シナプス前終末に活動電位が到達すると、そこにある電位に依存するCa-チャネルが開きCa^{2+}濃度が高くなってシナプス小胞がシナプス末端まで移動して袋が破れ、神経伝達物質はシナプス間隙に放出される。

■神経伝達物質の受容体との結合

シナプス間隙に放出された神経伝達物質は、拡散によって広がり、図14（17頁）に示すように、シナプス後細胞の細胞膜上にある受容体と結びついて活性化される。神経伝達物質の種類によってそれを受け取る受容体の種類が一致したときだけ信号伝達が行われる。受容体には、膜タンパク質の種類によって、イオンチャネル型と代謝型とがある。前者では、イオンチャネルが開く。後者では、いくつかのステップを経てイオンチャネルが開き、シナプス後細胞で脱分極ないし過分極が生じるため、反応に時間がかかるが、効果が長く持続する。放出後の神経伝達物質は酵素によって不活性化されるか、またはシナプス前終末に再吸収され、一部は再びシナプス小胞に貯蔵され再利用される。

■神経伝達物質の種類

神経伝達物質の種類は、60種ほどがある。その構造によって、小分子伝達物質と神経ペプチド伝達物質とに分けられる。後者にはエンドルフィン、オキシトシンなど50種ほどがある。いずれも神経細胞で合成され、軸索を通じて末端まで運ばれた後、シナプス小胞に蓄えられる。神経伝達物質には、受容体に働きかけて神経細胞を興奮させるものと、受容体に結びついて神経細胞を抑制するものとがある。生体は神経細胞を興奮させるものと抑制するものとのバランスによってその機能が維持されている。

■興奮型の神経伝達物質と抑制型の神経伝達物質

主な小分子伝達物質の名前、化学式と存在部位を**表2**に示す。グルタミン酸からアセチルコリンまでの4つは興奮型、GABAとセロトニンは抑制型である。興奮型の場合は、図15（19頁）に示したように、Na^{+}イオンがアクセルの働きをするが、抑制型の場合は、Cl^{-}イオンがブレーキの役割をする。活動電位を起こし、次の細胞に情報を伝えるかどうかは、樹状突起の根元部分においてアクセルとブレーキのどちらが優勢かによって決まる。

■神経伝達物質の働き

「グルタミン酸」は、アミノ酸の一種で、記憶・学習などの脳高次機能に重要な役割を果たしている。濃度が増えて危険な量に達すると、神経細胞はアポトーシスによって自己を殺す。血液脳関門を透過しないので、血液から脳に供給されることはない。「ノルアドレナリン」は、覚醒力が強く、気分を高揚させ活動的にする。これが不足すると、無気力、うつ病などの症状が生じることがある。「ドーパミン」は、運動調節、ホルモン調節、快の感情、意欲、学習などに関わる。体内のドーパミンが減少すると痛みを抑制する経路が弱くなることが知られている。ドーパミンは、パーキンソン病、統合失調症と関連すると言われている。「アセチルコリン」は、骨格筋、心筋、内臓筋などの筋肉運動に関わる。記憶や認知などの精神活動、血圧、脈拍、睡眠などにも関与している。「ＧＡＢＡ」は、神経細胞を抑制する働きをする。不安を鎮め、睡眠を促す作用がある。「セロトニン」は、ドーパミンやノルアドレナリンの過剰分泌によるエネルギー消費などに伴う過剰な脳の覚醒や活動を抑える。

表2　小分子伝達物質の名前、化学式と存在部位

	名前	化学構造	生成と存在部位
興奮型	グルタミン酸	$NH_2-CH(COOH)-CH_2-CH_2-C(OH)=O$	アミノ酸の一種。大脳皮質、海馬、小脳など。
	ノルアドレナリン	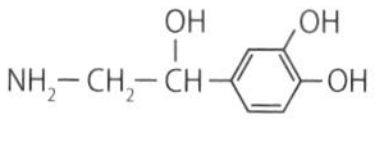	チロシンというアミノ酸から生成。大脳、小脳、脳幹、脊髄など。
	ドーパミン	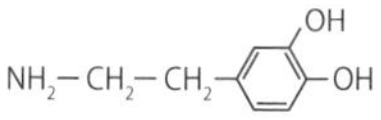	チロシンというアミノ酸から生成。中枢神経系。
	アセチルコリン	$CH_3-N^{+}(CH_2)(CH_2)-CH_2-CH_2-O-C(CH_3)=O$	コリンとアセチル CoA から生成。内臓の筋肉や脳内に広く分布。
抑制型	アミノ酪酸（GABA）	$NH_2-CH_2-CH_2-CH_2-C(OH)=O$	アミノ酸類。海馬、嗅球、小脳などに大量に存在。
	セロトニン	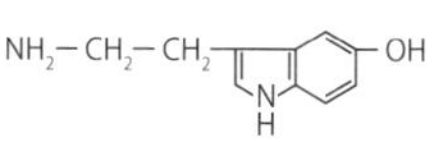	アミノ酸であるトリプトファンから生成。血管、消化管内、脳内に分布。

まとめ　神経伝達物質の種類は60種ほどあり、神経細胞で合成され、シナプス小胞に貯蔵される。神経伝達物質は興奮型と抑制型がある。生体は神経細胞を興奮させるものと抑制するものとのバランスによってその機能が維持されている。神経伝達物質の種類によって、記憶、学習、気分の高揚、無気力、快の感情、意欲、睡眠、不安などに関与している。

第11話 グリア細胞の働きは?

脳は千数百億個の神経細胞と、その10倍以上ものグリア細胞（膠《こう》細胞）から成り立っている。グリア細胞にはいろいろな種類があり、アストロサイト（星状膠細胞）、オリゴデンドロサイト（希突起膠細胞）、ミクログリア（小膠細胞）などがある。**図17**にいろいろな種類のグリア細胞の形を示したが、グリア細胞は、神経細胞と神経細胞の間を埋めるように存在している。グリア細胞は、神経細胞の生存や発達機能のための脳内環境の維持と支援を行っている。グリア細胞は、従来、神経細胞の働きを支える「黒衣」であると考えられてきた。活動電位を発しない、静かな細胞だと思われたからである。ところが、近年になって、グリア細胞にはより重要な機能があることがわかってきた。

■アストロサイト

グリア細胞の中で最も数が多いのがアストロサイトで、星のような外見をしている。細胞体からアメーバのように複雑な形の突起を伸ばして、脳の空間を満たしている。アストロサイト同士はギャップ結合という結合様式によりつながり、全体としてネットワークを形成している。アストロサイトは、神経細胞に栄養を与えたり、過剰なイオンや神経伝達物質を速やかに除去することにより、神経細胞の生存と働きを助けている。脳を有害物質から守る血液脳関門をつくっているのも、アストロサイトである。脳の血管はアストロサイトの先端で覆われており、血管上皮細胞は互いに緊密につなぎ合わされている。神経細胞は血管とは直接接触していないので、血液と脳内部の物質の受け渡しは血管壁とアストロサイト膜を介して行なわれる。

■近年発見されたアストロサイトの働き

近年、アストロサイトがシナプス伝達効率や局所脳血流の制御という、脳機能にとって本質的な役割も果たしていることも明らかになってきた。睡眠時に脳から有害物質を取り除くのも、アストロサイトの働きである。

また、神経細胞が神経伝達物質を放出して興奮を速く伝えるのに対し、アストロサイトは細胞内のイオン濃度を上下させることで、興奮をゆっくり伝達することもわかってきた。

神経細胞が放出した神経伝達物質のグルタミン酸をアストロサイトの受容体が受け取ると、アストロサイトの細胞内でCa^{2+}イオンの濃度が上下する。これをカルシウムの濃度振動と呼ぶ。アストロサイトの細胞は、図17に示すように、一方が神経細胞にもう一方は血管に連なっている。脳内には、神経細胞の成長や増殖などを促す成長因子（タンパク質の一種）がある。脳内で成長因子が増えてアストロサイトの細胞内でカルシウムの濃度振動が起こると、血管が拡張して血流の流れが良くなり、栄養や酸素の供給が増え、脳の活動が活発になる。このCa^{2+}イオンの拡散速度は神経細胞の電気信号の伝達速度に比べて1000倍程度遅いが、アストロサイトのネットワークによってゆっくりだがより広い領域をカバーできる。また、脳内で炎症関連因子が増えると、カルシウムの濃度振動が起きず血管は拡張しない。

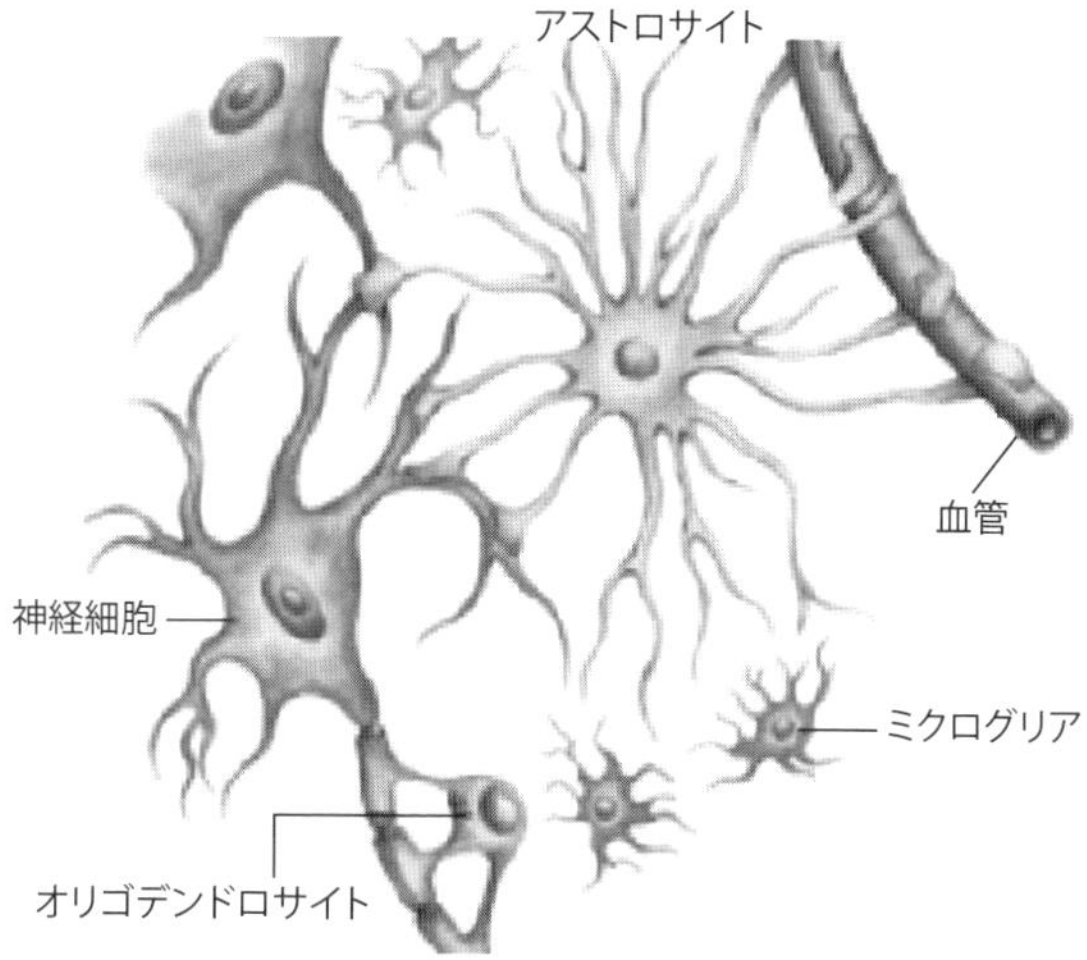

図17　いろいろな種類のグリア細胞

■オリゴデンドロサイトとミクログリアの働き

オリゴデンドロサイトは、神経細胞の軸索に巻き付いて髄鞘を形成するグリア細胞である。巻き付くことによって髄鞘化を助けている。さらに、軸索の細胞を維持し、栄養を補給する。ミクログリアは、傷ついた神経細胞を修復したり、除去したりする。

まとめ　脳には神経細胞の10倍以上の数のグリア細胞（膠細胞）がある。グリア細胞にはアストロサイト、オリゴデンドロサイト、ミクログリアなどがある。グリア細胞は、神経細胞の生存や発達機能のための脳内環境の維持と支援を行っている。近年、アストロサイトがシナプス伝達効率や局所脳血流の制御など本質的な役割も果たしていることがわかってきた。

第12話 右脳と左脳の働きの違いは？

大脳は、前頭部から後頭部に走る深い溝によって右半球と左半球に分けられ、右半球を右脳、左半球を左脳と呼ぶ。左右の大脳半球は、脳梁によってつながっていて、盛んに情報を交換している。

■右脳と左脳のどちらが優れているか

「右脳を活性化して脳のパワーを上げよう！」などと右脳をもてはやす傾向がある。しかし、これは俗説で、右脳だけを鍛えても意味がない。あえて言えば、右脳も左脳も鍛えるべきである。

■右脳の働き

右脳の働きは、**図18**の右半分に示した。右脳は、感覚的な脳である。道を歩いていてあそこから来る人は美人だなとか、街路樹が色づきはじめたなとか自然に意識にのぼる。こうしたイメージ処理機能は右脳が担当している。右脳は、左半身制御、空間認識、図形認識、表情認識、音楽などに関与し、「芸術脳」とも呼ばれている。

右脳は、視覚の左半分を主として担当する。脳梁を切断し、右脳を損傷した患者に絵を模写してもらうと、左側の部分を無視することが観察された。これを左半側空間無視という。一方、左脳を損傷した患者の場合、右側を無視することはまれにしか起こらない。だから、左脳が損傷しても、右脳が健在なら左右両方の視野の情報を得ることができる。

■左脳の働き

左脳の働きは、図18の左半分に示したように、右半身制御、論理的思考、言語機能、計算などに関与し、「言語脳」と呼ばれている。脳梁を切断した患者にある絵を見せると、右の視野にあるものの名前が言えるのに、左の視野にあるものの名前が言えなかった。このことから、左脳は言語機能に関与していることがわかった。

■右利き左利きと脳との関係

日本人の成人の約95％が右利きで、98％以上が左脳に言語機能の中心がある。残りの2％が右脳にある場合と、左右両方にある場合とがある。左利きの人は、約70％が左脳に言語機能の中心があるが、約15％は右脳に、残りの約15％は左右両方で言語機能を受け持つ。両方に言語機能を受け持つ人は、男性より女性に多い。利き手によって脳の言語野の位置が違う。それは、遺伝によるという説もあるが、利き手によって後天的につくられたという説が有力である。右脳や左右両方で言語機能を受け持つ人が能力にどう影響するかは、わかっていない。

■音の聞き方が違う日本人と外国人

外国人は、「アー」など意味のない母音は右脳で聞くのに対し、日本人は左脳で聞いている。さらに、鳥や虫の鳴き声、風の音などや三味線、琴などの邦楽器も左脳で処理している。外国人が漠然と意味のない音と感じている音も、日本人は左脳で意味のある音として処理している。自然の音に意味を感じる日本人の心は、俳句や短歌にも表れているが、脳の使い方にも関係があると言える。このことは、

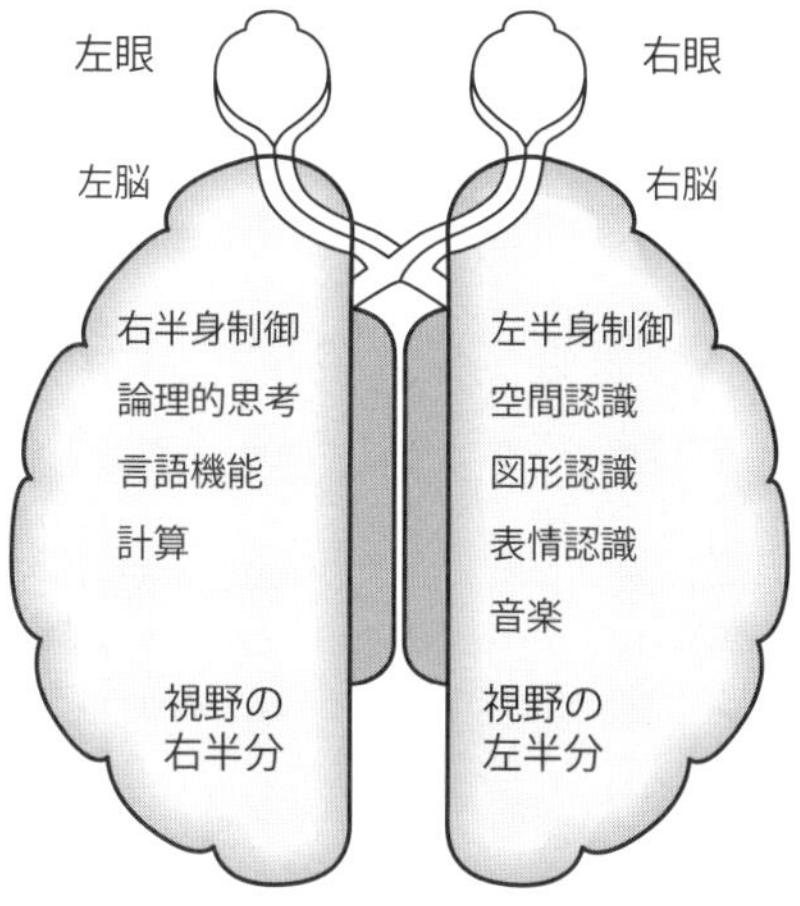

図 18　右脳と左脳の働き（概念図）

日本で生まれ育った外国人にも言えるようである。その理由として、母音の比重が高い日本語と子音の比重が高い外国語の違いが、左右の脳の違いを生むという説が有力である。

■右脳と左脳の両方を鍛える

現代人の脳の使い方は、どちらかと言えば、左脳偏重である。そういう人は、右脳を鍛えることで、脳の潜在力をさらに発揮できると考えられる。結局、右脳を鍛えれば左脳も鍛えることになる。

囲碁や将棋は、局所的な手を読むだけでなく、右脳が関わる全局的な空間認識を働かせ、全体を1つの画像として捉えることが必要である。

俳句、短歌、絵画、楽器演奏なども右脳が活躍する場面が多い。それらに取り組むことで、脳全体が活性化する。

まとめ　右脳は、左半身制御、空間認識、図形認識、表情認識、音楽などに、左脳は、右半身制御、論理的思考、言語機能、計算などに関与する。右利きの98％以上、左利きの約70％が左脳に言語機能の中心がある。両方に言語機能を受け持つ人は、女性に多い。右脳を鍛えようという風潮があるが、右脳だけを鍛えても意味がない。右脳も左脳も鍛えるべきである。

第13話 血液脳関門とは?

血液脳関門（Blood Brain Barrier, BBB）は、血液中の物質が脳の中に移動するのを制限する、門番のような働きをする。門番が必要な理由は、ヒトの血液の中には、脳の栄養となる物質のほかに有害な作用をもつ物質も含まれているからである。血液脳関門は、血液に含まれる物質の移動を制限して脳の神経細胞を守り、脳内で産生された不要物質を血中に排出する。神経細胞の活動に必要なグルコースや酸素、身体で産生されたケトン体などは自由に移動できる。細菌やウイルスなどは、血液脳関門を通過することができない。しかし、ニコチン、カフェイン、ヘロインなども血液脳関門を通過してしまう。これらは、神経細胞にとって、害になる物質である。

■血液脳関門を通過しやすい物質の特徴

1つは、分子量500以下の物質である。睡眠薬や向精神薬などは、分子量500以下が多く、血液脳関門を通過して薬の効果を発揮する。もう1つは、脂溶性の物質である。脂溶性とは、油に溶ける性質で、血液脳関門を通過しやすい。

■血液脳関門の作用

血液脳関門の働きは、脳内に張り巡らされた毛細血管による。脳の毛細血管を図19に示す。毛細血管の関門としての働きは、血管の内壁にある内皮細胞同士が密着することによって隙間を小さくして、分子の通過を制限するからである。内皮細胞間を通り抜けた分子は外側（脳内）の空間に移動できる。一部の内皮細胞には、周皮細胞が接着し、その大部分をアストロサイトの足突起が覆っている。周皮細胞は、血管の成熟や安定化、血液脳関門の維持、虚血時の神経保護修復などを担っている。

ヒトの脳毛細血管の全長は約650㎞、表面積は約9m²であるが、全脳に占める脳毛細血管内皮細胞の容積はわずか0.1%である。脳の毛細血管は平均40㎛の間隔で網目状に張り巡らされていて、分子量数百程度の物質は脳毛細血管を通過後拡散して、脳の細胞に到達できる。

■酒を飲むと酔っぱらう理由

酒を飲むとアルコールが消化器官を経て肝臓から身体の中に吸収される。アルコールは分子量が小さく水溶性でも脂溶性でもあるので、脂溶性の物質を透過させやすい血液脳関門から脳へ入る。そのため、脳の機能に影響を与え、酔っ払ってしまう。

■血液脳関門と脳内への薬物投与

神経伝達物質は脳内でいろいろな作用を及ぼすが、その多くは血液脳関門を通過できない。神経伝達物質はアミノ酸などの血液脳関門を通過できる物質から脳内で合成される。

血液脳関門は、外部からの異物の侵入を防ぐバリアであるが、脳内に薬を運び入れるのを阻害する厄介な機構でもある。そのため、血液脳関門を通過できる薬剤を服用し、脳内で目的物質に変換できるよう工夫している。レボドパは、パーキンソン治療に用いられるドーパミンのプロドラッグである。ドーパミンは、血液脳関門を通過できないが、レボドパはアミノ酸輸送体と呼ばれるトランスポーターによって血液脳関門を通過する。その後、中枢神経系においてドーパミンへと変換される。

ヒロポンという覚せい剤は、ドーパミンのベンゼン環（表2参照）についているOH基を取り去って水溶性から脂溶性に変えて直鎖部分にメチル基をつけたものである。ヒロポンは脂溶性であるため、血液脳関門を通過し、依存性のある快感をもたらす恐ろしい薬となる。

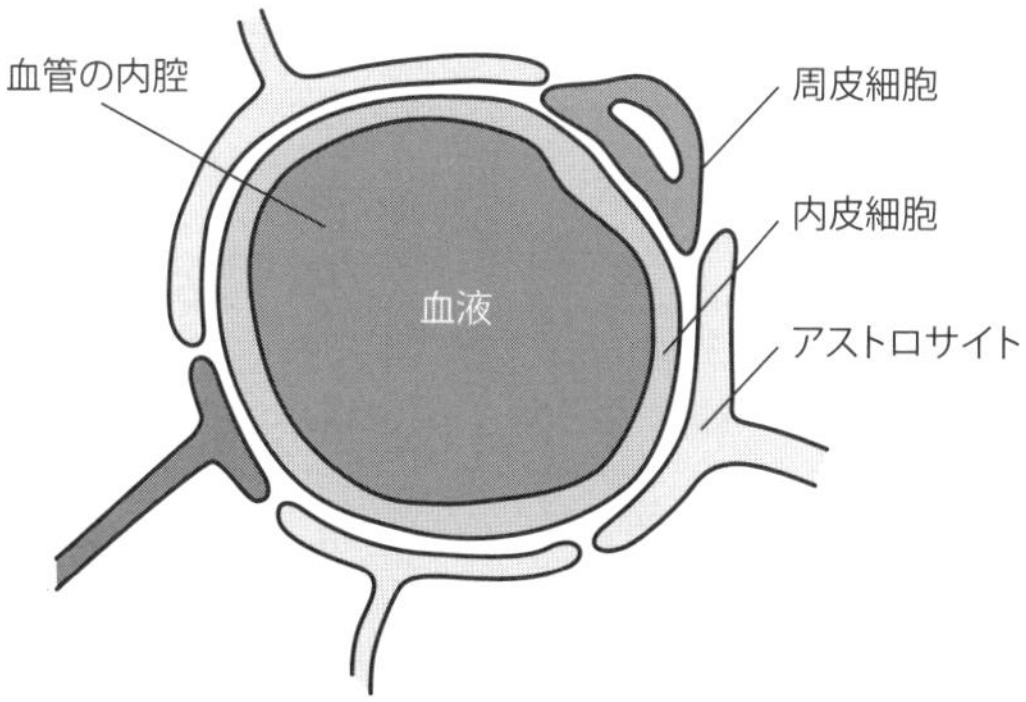

図19　脳の毛細血管

まとめ　血液脳関門は血液中の物質の脳内への移動を制限する。血液中には脳の栄養となる物質と有害な物質があるからである。関門としての働きは、毛細血管の内壁にある内皮細胞同士およびアストロサイトが密着して隙間を小さくして分子の通過を制限する。通過できる物質は分子量が500以下の脂溶性の物質で、細菌やウイルスなどは通過できない。

第14話 脳の働きはどのように調べられるか？

生きているヒトの体内を画像として見る検査法は、20世紀後半から飛躍的に進歩した。X線CTスキャンやMRIは脳内の断層画像を得ることができ、脳腫瘍、脳出血、脳梗塞などの診断に有効である。

PETやfMRIなどは、特に生きている脳の活動を調べる手段として用いられ、脳科学の進歩に大きく貢献している。

■PET（陽電子放射断層撮影）

PETは、ポジトロン（陽電子）崩壊に伴うγ線を検出する装置である。陽電子崩壊を起こす核種としては、^{15}O、^{11}C、^{18}Fなどがあるが、半減期が短い^{15}Oが扱いやすく、水（$H_2{}^{15}O$）としてよく用いられる。陽電子は数mm移動すると崩壊して2本のγ線を直交方向に放出する。それをリング状に配置したγ線センサーによって検出する。

脳のある部位が活動すると、エネルギー代謝が活発に起こるようになる。そのためその部位の血流量が増える。そのため、ブドウ糖を^{11}Cでラベルしたり、血液の中に^{15}Oを混ぜたりして陽電子崩壊を測定すれば、脳のどの部位が活動しているかがわかる。

被験者が覚醒したままでいろいろな検査ができるので、PETで脳の認知機能を調べることができる。例えば、被験者に手を動かしてもらうと、大脳皮質運動野が活性化する。次に、手を動かすイメージだけをしてもらうと、今度は運動野ではなく補足運動野が活性化する。ただ、PETの分解能は3mm程度なのでそれ以上の細かい測定ができない。また、^{15}Oや^{11}Cなどを含む液体を事前に被験者に注射しなければならない。

■fMRI（機能磁気共鳴検査装置）

MRIは、脳に強い静磁場と弱い電磁波を与えて、脳の組織にある水素原子の電磁気的な挙動から組織の状態を三次元的な画像にする方法である。それに対して、fMRI（機能MRI）は、脳内の血流量の変化から脳の活動状態を調べる。MRI（fMRI）の装置の概要を**図20**に示す。最近は、頭部の周囲に水素の原子核から出る電磁波を多数の検出器（アンテナ）で捉えることによって、空間分解能が良くなっている。

■fMRIが捉える血流量の変化

血液中のヘモグロビンは酸素を組織に運ぶ役割を持っているが、ヘモグロビンに酸素がついた酸化型と酸素がつかない還元型とでは磁気的な性質が違う。酸化型ヘモグロビンは反磁性体、還元型は常磁性体のため、血液の核磁気共鳴信号は、血流の状態を反映したものとなる。

脳の活動が活性化して活動電位が現れると、酸素とブドウ糖が必要となる。活動している神経細胞の周辺では酸素とブドウ糖が急速に消費され、一時的に酸化型ヘモグロビンが減少する。不足した酸素を供給するために酸化型ヘモグロビンを多く含んだ血液の量が増え、今度は神経細胞の周辺では酸化型ヘモグロビンが増加する。活発な活動を行っている神経細胞の周辺では、血液の供給が実際に消費する酸素の量より多いので、相対的に酸化型ヘモグロビンの量が多い。ヘモグロビンの酸化の程度によって磁化率が変化するので、MRIの電磁波の変化を観察することによって、その部分の血流の変化を知ることができる。

fMRIでは、PETの場合と同様に、被験者が運動や計算している状態など脳を使っている部位での血流の変化を調べることができる。空間分解能がPETでは3㎜程度なのに対し、fMRIでは1㎜程度とかなり良いので、fMRIのほうが脳科学研究の分析機器の主流となっている。ただ、fMRIの時間分解能が1s程度なので、神経細胞の活動時間1ms程度の速い観測はできない。

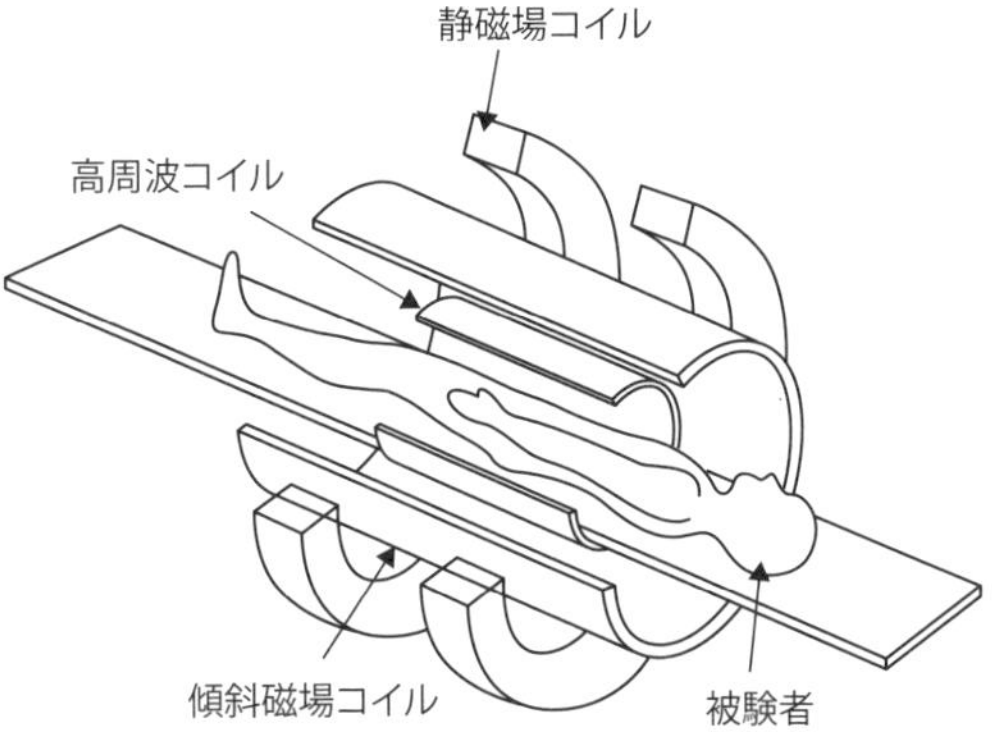

図20　MRI（fMRI）の装置

まとめ　生きているヒトの体内を画像として見る検査法は、20世紀後半に飛躍的に進歩した。fMRI（機能MRI）は脳内の血流量の変化から脳の活動状態を調べる。被験者が運動や計算している状態など脳を使っている部位での血流の変化を調べることができる。fMRIの空間分解能が1㎜程度で、脳科学研究の分析機器の主流となっている。

コラム１　パーキンソン病

パーキンソン病は、手の震え、動作や歩行の困難など、運動障害を示す進行性の疾患である。進行すると自力歩行も困難となり、車椅子や寝たきりになる場合がある。中高年の発症が多く、65歳以上の割合が高い。1,000人に1人の割合でかかるとされ、日本では難病に指定されている。

主な症状は、手足がふるえる、ひじなど関節にギコギコした感じ、表情に動きがない、前のめりでちょこちょこした歩き方をする。便秘や発汗などの自律神経の異常、うつの症状も見られ、認知症を併発することもある。

◎パーキンソン病の原因

円滑な運動に必要な情報はドーパミンを介して大脳基底核の線条体に送られている。ドーパミンは中脳にある黒質の神経細胞から主に分泌されているが、パーキンソン病ではこの神経細胞が変性してドーパミンの分泌量が減少し、それに伴いアセチルコリンの量が相対的に多くなり、線条体との連絡に不具合が生じてしまう。その結果、運動の指令がうまく伝わらなくなる。

◎パーキンソン病の治療

治療薬としてはレボドパが用いられる。ドーパミンを直接摂取すればよいと考えられるが、血液脳関門を通過できないので、レボドパ（L-ドーパ）の形で服用する。L-ドーパは血液脳関門を通過でき、脳内で代謝されてドーパミンに変わる。レボドパを服用することで、脳内のドーパミンの濃度が増える。ところが、服用期間が長くなると、症状の日内変動や不随意運動症状が出るため、用量や投与時期の調整が必要となる。

初期治療に用いられるドーパミンアゴニストは、ドーパミンの受容体に直接結合してドーパミンと同様の働きをする。レボドパと同様に運動症状を改善するが、作用時間が比較的長く、レボドパを減量できる。これ以外に、不足しているドーパミンに対し相対的に量が多くなっているアセチルコリン系の活動を抑える抗コリン薬も使われている。

◎パーキンソン病の予防

運動すること、ドーパミンを増やすことが予防につながる。運動の習慣はドーパミンを増やすことにもなる。ドーパミンを増やすには、好きなことや得意なことをするとよい。また、タンパク質の一種であるチロシンはドーパミンの原料となる栄養素である。乳製品やアーモンド、大豆、かつお節などに多く含まれている。

第2章 感覚と脳

動物は目や耳などの感覚器を使って外部環境の情報を集めて脳で処理し、どのように行動すべきかを決めている。目が正常でも脳の視覚野に障害があると、見ることができない。本章では、視覚、聴覚、嗅覚、味覚、体性感覚について、各感覚器と対応する脳のしくみについて紹介する。

第15話 視覚情報はどのように脳に届くか？

視覚はヒトの感覚の中で最も発達していて、感覚情報の約80％は目から入ってくると言われている。物体に光が当たると、その反射光が眼に入って、角膜を通り抜けて瞳孔を経て水晶体を通り、眼球の奥にある網膜で焦点を結ぶ。このとき水晶体はレンズの役目をしていて、焦点を結ぶ距離を調節している。網膜にある視細胞を**図21**に示す。網膜には桿体《かんたい》細胞と錐体《すいたい》細胞という2種類の視細胞があり、これらの細胞を通じて視神経経由で視覚情報が大脳に送られて視覚となる。桿体細胞は、片目の網膜上に約1億2000万個ある円柱形の細胞である。薄暗いところで明暗を感じることはできるが、色を感じない。錐体細胞は、片目の網膜上に約650万個ある円錐形の細胞である。明るいところで働く色を感じる視細胞であるが、光の感度は桿体の1／1000でしかない。

■光の感知と色の知覚

桿体細胞や錐体細胞において、桿体細胞は光受容タンパク質のロドプシン、錐体細胞は光受容タンパク質のフォトプシンが光を受け取る。ロドプシンとフォトプシンは分子量4万程度のタンパク質であるが、その中にはレチナール（$C_{20}H_{28}O$）という直鎖上の分子が入っており、光を受け取ることによって分子の構造がトランス型からシス型に変わる（異性化という）。ロドプシンは498㎚にピークを持つ光に反応する1種類の情報である。フォトプシンには3種類あって、S-フォトプシンは420㎚の光、M-フォ

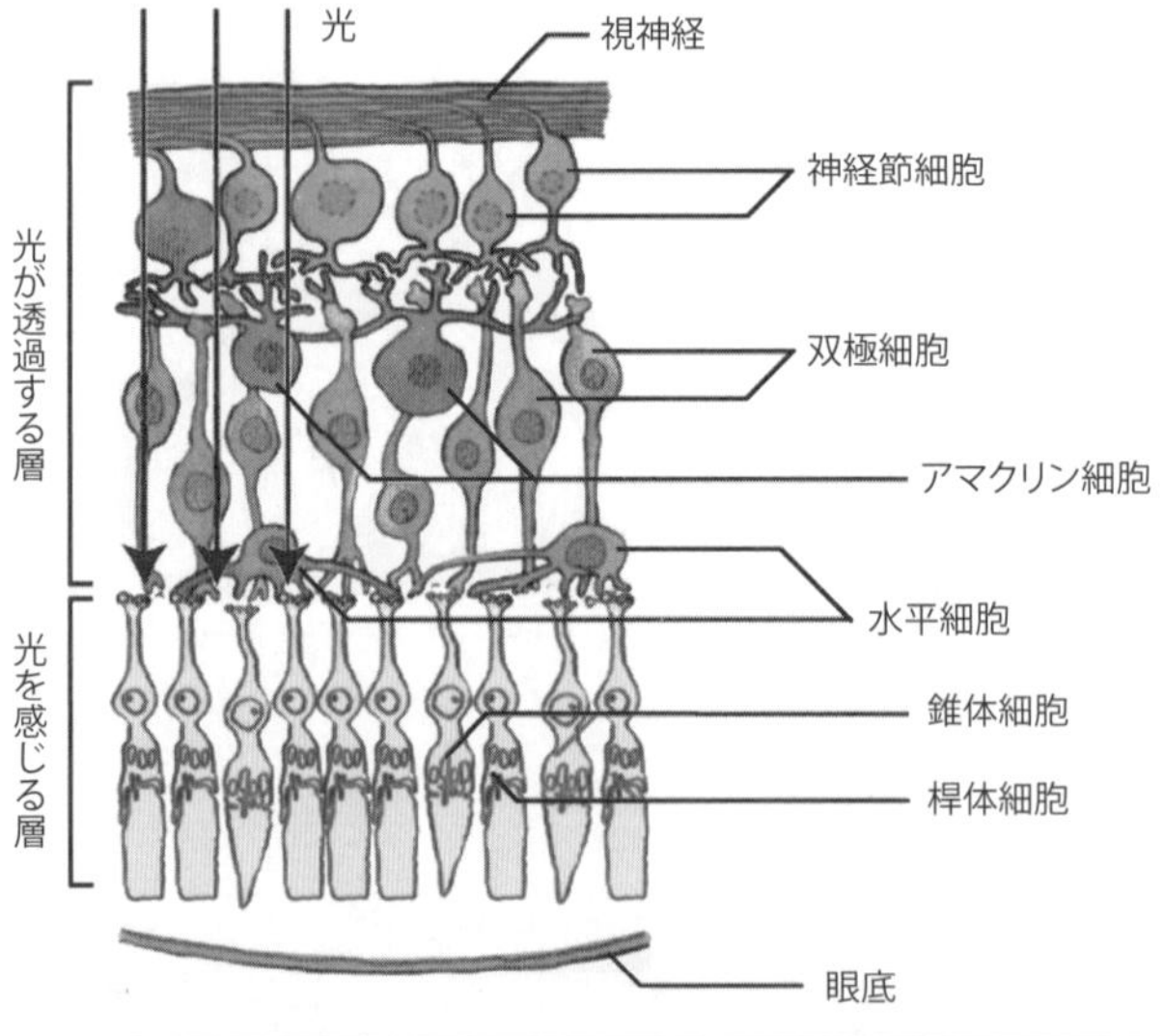

図21　網膜内の視細胞

トプシンは５３４㎚の光、Ｌ‐フォトプシンは５６４㎚の光を感じる。ロドプシンもフォトプシンも光を受けると、その中にあるレチナール分子の異性化反応が起こって、神経系に情報を伝えていく。

図22には、フォトプシンが光を受け取ってから脳に情報が入るまでの経路を示す。Ｓ、Ｍ、Ｌ‐フォトプシンが受け取る光は、青、緑、赤に対応している。その情報は増幅された後、電気信号に変えられて、脳に送られる。その経路の中で、神経経路は脳梁のところで、左右の情報が交差している。すなわち、右視野の情報は左脳の後頭部の一次視覚野へ、左視野の情報は右脳の一次視覚野へ送られる。これを視交叉という。

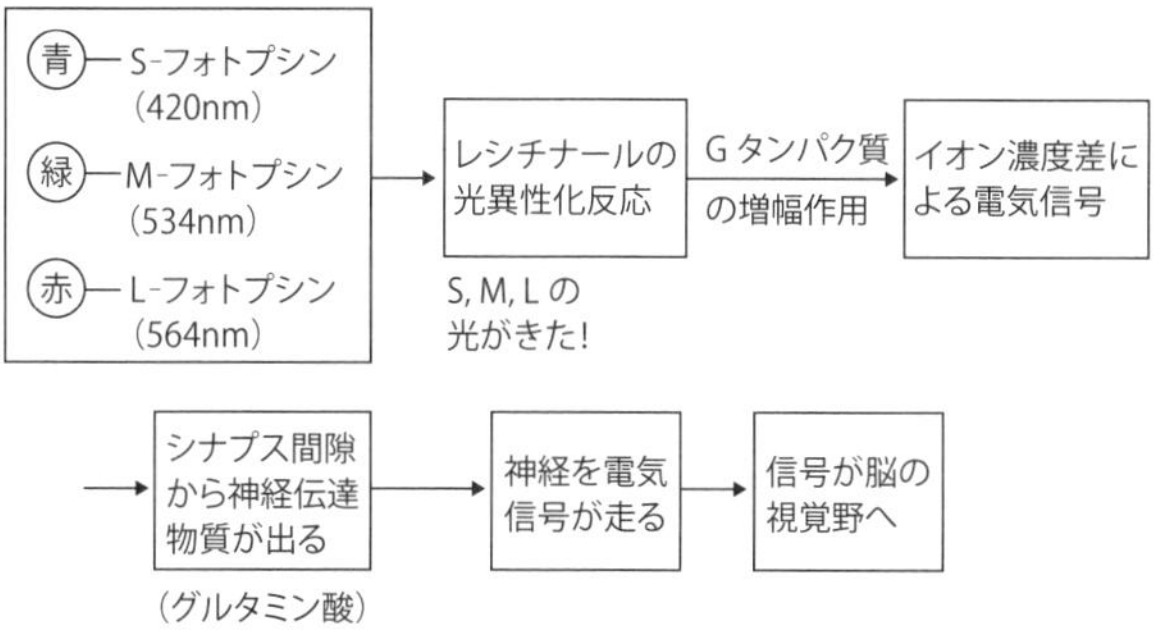

図 22　フォトプシンの光受容が脳に届くまでの経路

図22からわかるように、はじめから色の情報が感覚器からもたらされるのではない。感覚器からは可視光の中での波長分布（具体的には、４２０㎚、５３４㎚、５６４㎚の光がどの割合で混ざっているかという情報）があるだけである。後は、脳がそれはどの色に当たるかを示していく。

一次視覚野に送られた視覚情報は、コラムやブロックと呼ばれる構造において、形状や色などに分けて処理される。コラムは形状を担当し、左右の視野に対応するコラムが交互に並んでいる。ブロックでは色の違いが処理されている。コラムやブロックで処理された視覚情報は、視覚連合野で再度まとめられ、形状や色を含む物体として認知される。

まとめ　物体に光が当たると反射光が角膜と水晶体を通り網膜で焦点を結ぶ。網膜には桿体細胞と錐体細胞という視細胞がある。桿体細胞は明暗を感じるが色を感じない。錐体細胞は色を感じる。錐体細胞にある光受容のタンパク質の3種のフォトプシンが光を受け取り、青、緑、赤に対応している。その情報は電気信号に変えられて、脳の視覚野に送られる。

第16話 視覚情報はどのように脳で認知されるか?

視覚情報を担っているのは網膜ではなく、脳である。網膜は光センサーなので、入ってきたデータを視神経を通じて脳に伝えるだけである。

一次視覚野に送られた視覚情報は、そのままではヒトの行動や認識に結びつかない。例えば、赤い色の植物を見ても、それがバラの花なのかチューリップの花なのかの判断が必要である。テニスでは、ボールを見てもボールが来る方向や速さを認識してどのように打ち返すかを判断しなければならない。一次視覚野では、視覚の情報を、色、形、奥行き、動きなどに分解して、視覚連合野、側頭連合野、頭頂連合野に送るだけである。したがって、各連合野では、分解して送られてきた情報を統合して、必要な情報に再構成しなければならない。一部の連合野に障害があると、その部分の知覚ができなくなる。

■視覚連合野→頭頂連合野での働き

頭頂連合野は視覚連合野からの情報を受け取って、物体の位置や動き、奥行き、立体感など空間に関係した情報を処理する。脳のこの部分に障害があると、点と点を結ぶことや、図形の向きを判断することができなくなる。また、丸や三角を模写することができない。ただ、丸や三角を描いてくださいというとそれはできる。これは、丸や三角に関する記憶が別にあるためである。模写では、目で見た視覚情報と同じものが描けない。

この連合野は、体性感覚野からも情報を受け取っていて、ものの大きさや材質などの感触を認識したりしている。それらと視覚情報を関係づけて、空間の中での一連の動作を順序だてて行ったり、手足やからだの運動をコントロールしたりしている。

■視覚連合野→側頭連合野での働き

側頭連合野は視覚連合野からの情報を受け取って、物体の詳細な形状や色など、それが何であるかを理解するための情報を処理する。人の顔などの認識に使われる。この部分に障害があると、リンゴをきちんと写生することはできるが、それは何であるかが答えられない。また、人の顔を見てもそれが誰であるかが言えない。

■脳の画像処理

視覚情報は網膜に映ったものから得られるので2次元のはずだが、私たちはものを立体的に見ている。これは、脳が画像処理を行っているからである。自分の目の前にあるものを左右の目を片方ずつつぶって交互に見ると、微妙に角度がずれて見える。脳は、この左右の像の「ずれ」を利用して、平面として見える像の奥行きを計算している。そのため、私たちはものを立体的に見ることができる。

　図23にカニッツァの三角形と呼ばれる図を示す。3つの黒い扇形と、黒い線で囲んだ3つの鋭角ができている。黒い扇形と黒い線のほかに、白い三角形がくっきりと浮かんでいるように見える。しかも、三角形の中の白い部分は、その背景の色より明るく見える。これは脳が、過去の経験上、黒丸と黒い線で囲まれた三角形の手前に、白い三角形があると判断しているからである。このように、脳は実際には見えないものを補う働きをしている。

図23　カニッツアの三角形

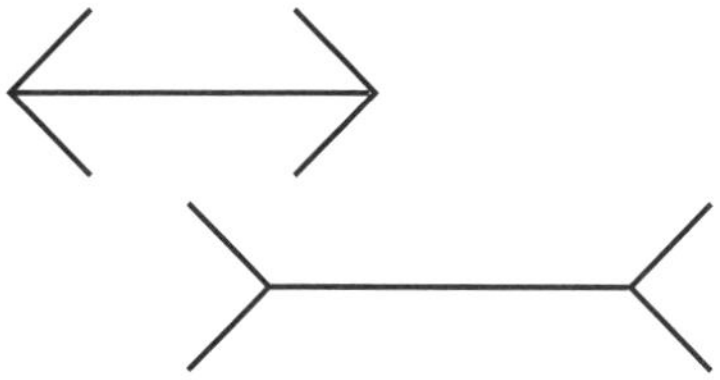

図24　ミュラーリヤー錯視

　また、脳が誤った判断を下す「錯視」という現象も起こる。これは、視覚情報が外界を写しているだけではなく、その背後で脳が複雑な働きをこなしているためである。**図24**に示す「ミュラーリヤー錯視」は、横向きの線の長さが実際は同じであるが、違っているように見える。この実際とのズレは、この図形が奥行きを感じさせるものだから、という説が有力である。

まとめ　一次視覚野に送られた視覚情報を、色、形、奥行き、動きに分解して、各連合野に送って処理する。頭頂連合野は物体の位置や動き、奥行き、立体感などを処理する。側頭連合野は物体の詳細な形状や色など、それが何であるかを理解するために処理する。視覚情報は2次元のはずだが、私たちは立体的に見ている。脳が画像処理を行っているからである。

第17話 聴覚情報はどのように脳で認知されるか?

空気の振動によって伝わった音波は耳のいろいろな器官を通して脳に伝わる。聴覚の構造と聴神経の経路を図25に示す。外耳道から鼓膜に伝わった音の振動を中耳の3つの耳小骨《じしょうこつ》で増幅して内耳の蝸牛《かぎゅう》に伝える。蝸牛はカタツムリの殻のような渦巻き状の器官で、内部は基底膜などで3つに仕切られ、リンパ液で満たされている。空気の振動はリンパ液の振動に変換され、コルチ器と呼ばれる音の受容器に到達する。液体の振動はコルチ器にある有毛細胞によって電気信号に変換される。電気信号は延髄と橋《きょう》の境から中脳、視床を経て大脳皮質の一次聴覚野へ送られる。

■聴覚野の働き

ヒトが音として聞くことができる周波数は20〜20000(20k)Hzの範囲である。一次聴覚野には、そのうちの特定周波数に強く反応する神経細胞が配列されている。同じ種類の刺激に反応する神経細胞が皮質上に縦方向に並び、周波数ごとの地図を形成している。この領域は音高や音量などの、音楽の基本的な部分を示していると考えられる。二次聴覚野はハーモニー、メロディ、リズムのパターンの処理を担っていると考えられている。三次聴覚野はすべてを音楽の全体的な体験へと統合する役割を担うと推測されている。

■音の方向

ヒトの耳が2つあるのは、音をよく聞くためだけでなく、音源の方向を正しく知るためでもある。音源の水平方向の位置の特定には、左右の耳に届く時間差や音の強さの差を手掛かりに判断している。脳は音源の位置を最初に鼓膜に到達した側にあると判断する。音源が2つあるとしても、音の時間差が30ms以内であれば、脳は1つの音源と判断する。垂直方向の位置の特定には、頭部や耳介《じかい》の形状によって判断する。ヒトの耳は水平方向に比べて、垂直方向の位置の特定が弱い。

■視覚と聴覚

視覚と聴覚は互いに関連が深い。視覚は位置の検知が得意で、聴覚は時間差の検知に優れている。視覚と聴覚の両方を使うことによって、総合的に認識している。映画では音声がスピーカーから発せられるが、私たちは映像から発せられるように感じる。これは、視覚の空間認知精度が聴覚よりも高く、視覚情報が優位になるためと考えられる。

■カクテルパーティー効果

大勢の人が談笑するパーティー会場やさまざまな音が入り乱れる雑踏の中でも、私たちは自分の話したい人の声を聴き分けることができる。このように、多数の音源がある中で、特定の音を聞きとれる現象をカクテルパーティー効果という。しかし、同じ状況で録音し、再生して聞いてもノイズが多くて聞き取りが難しい。カクテルパーティー効果は脳の高度な働きの1つだが、その機構はよくわかっていない。

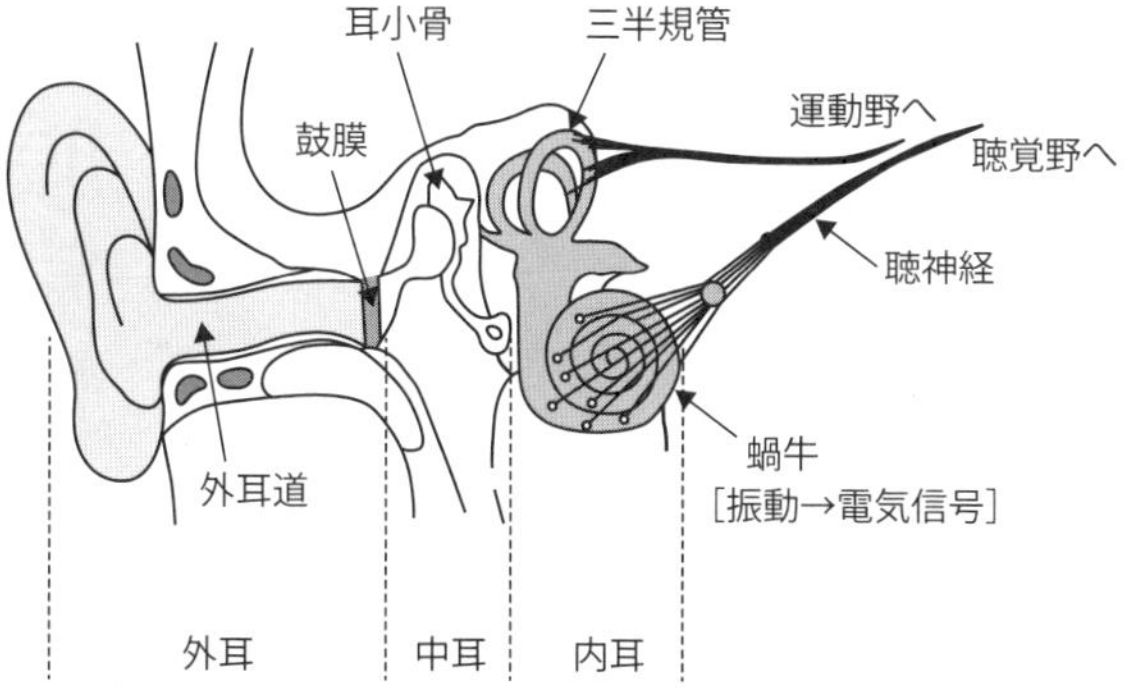

図25　聴覚の構造と聴神経

■聴覚障害

聴覚障害は種々の原因で、外耳、中耳、内耳などに障害があって、難聴になる。加齢による障害や外耳、中耳の障害であれば、増幅機能のある補聴器を用いればかなり改善される。集音器と異なり補聴器では特定周波数の音圧を上げることができる。

内耳に障害がある場合は対応が困難であったが、近年人工内耳が普及してきた。内耳の中に電極を挿入して、補聴システムでとらえた音声信号を電気信号に変えて、聴神経に直接伝える。電極の数に制限があり、聴神経にも個体差があるため、電子回路で患者一人一人に合わせた信号補正を行っている。人工内耳の手術後も言語聞き取りのために訓練期間が必要である。

まとめ　音波は外耳、鼓膜を経て中耳の3つの耳小骨で増幅して内耳の蝸牛に伝える。音波は蝸牛のリンパ液中で液体の振動に変換され、コルチ器にある有毛細胞によって電気信号に変換され、大脳皮質の一次聴覚野に送られる。一次聴覚野には特定周波数に反応する神経細胞が配列されている。二次聴覚野、三次聴覚野で音の総合的な処理がなされている。

第18話 嗅覚情報はどのように脳で認知されるか？

ヒトは匂いによって食べ物が腐っているかを判断したり、有毒ガスを察知している。匂いの元は空気中を漂う化学物質、匂い分子である。その種類は約40万と言われるが、ヒトが感知できるのは約1万である。

ヒトの嗅覚の構造と嗅神経を**図26**に示す。匂い分子が鼻孔を経て嗅上皮《きゅうじょうひ》に接する粘液層に到達すると、溶液に溶けた匂い分子が線毛の嗅覚受容体（Gタンパク共役受容体）に吸着する。受容体に匂い分子が結合すると、嗅細胞のイオンチャネルが開き、脱分極して電気信号が発生する。これが嗅神経を通り一次中枢である嗅球《きゅうきゅう》へと伝わる。これが大脳皮質の嗅覚野に伝わりいろいろな情報処理により匂いとして認識される。一部は大脳辺縁系の海馬、扁桃体や視床下部を経て、前頭眼野にも届く。これらは記憶や情動、性行動などに関わる。

■動物にとっての嗅覚

嗅覚は動物にとって重要な感覚である。嗅覚を使って異性を見つけて子孫を残し、食べ物を見つけて生命を維持してきた。魚の脳はほとんどが嗅覚に関係する機能である。サケは生まれた川に戻るが、それは自分が生まれた川の匂いを覚えていて、そこに戻ると言われている。ヒトの嗅覚の感度は犬の約１００万分の1で、進化の過程で退化した。

両生類、爬虫類、哺乳類では嗅上皮と異なる嗅覚が知られている。それは鋤鼻器《じょび》で、哺乳類では鼻腔の入り口近くに、トカゲやヘビでは口腔内に開口している管状の器官である。ヘビなどでは鋤鼻器が嗅覚の主体で、ヘビが頻繁に舌を出入りさせるのは、空気中から舌に吸着した匂い分子を鋤鼻器に運び、外界の様子や獲物を探るためである。

■ヒトにフェロモンはあるか

フェロモンは、ある種の動物から分泌され、同じ種のほかの個体に働きかけて、生理的な反応を引き起こす物質である。アリの行列など、昆虫の行動はフェロモンで説明されることが多い。爬虫類や哺乳類でもフェロモンの受容体が鋤鼻器にある。フェロモンを受容した信号は嗅球のすぐ上にある副嗅球を通じて脳の扁桃体や視床下部に送られて、本能的な行動を促すと考えられている。

ヒトにも鋤鼻器があるが、胎児期にそこに接続する神経系が退化してしまい、副嗅球もない。そのためヒトではこの受容機構が機能している可能性は低いと考えられていた。近年は、鋤鼻神経系は匂いを感じる嗅神経とは独立した副嗅覚系でフェロモンを感知し、その信号は視床下部に直接つながって大脳新皮質には届かず、匂いを感じたという意識を生じないまま直接ホルモンなどに影響を与えると考えられている。

■女性の匂いに対する感覚

フェロモンに関連する研究でドミトリー（寄宿舎）効果が報告されている。女性同士が親密な共同生活を続けると、月経周期が同調してくるという。わきの下から分泌される匂い分子が原因だとされている。

フェロモンが野生動物の性行動を左右するように、ヒトの体臭も異性の好みへの影響が調べられている。多数の成人男性に2日間同じTシャツを着てもらい、体臭のしみ込んだTシャツの切れ端を多数の未婚女性に好きなものを選んでもらった。「ワクワクするような、その気になるような匂い」を選んでもらうと、HLA遺伝子の型が自分とかけ離れた異性を選ぶとのことである。この結果からは、女性は自分と近い遺伝子の型を持つ異性を生殖相手に選ばないという結論が得られる。

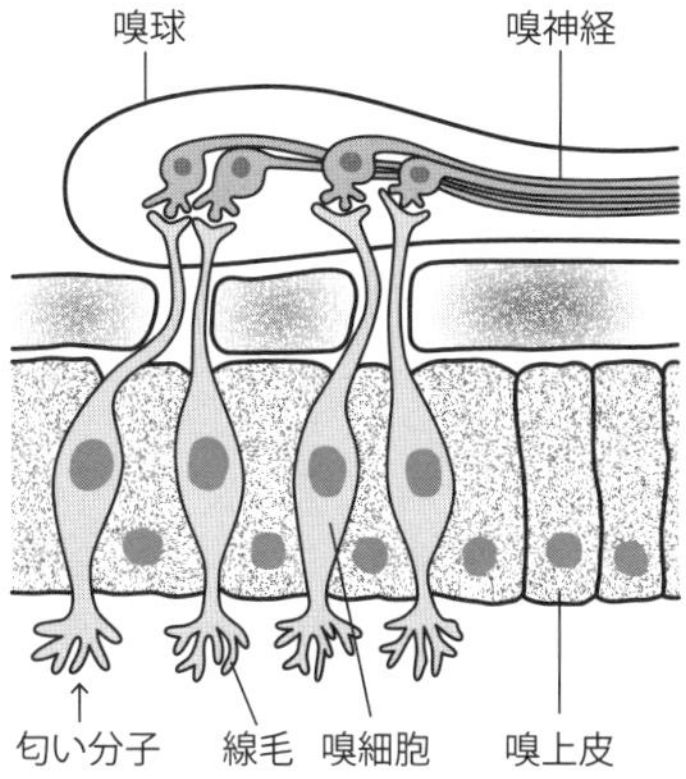

図26　嗅覚の構造と嗅神経

まとめ　匂い分子が鼻孔を経て嗅上皮に接する粘液層に到達すると、粘液層に溶けた匂い分子が線毛の嗅覚受容体に吸着する。受容体に匂い分子が結合すると、嗅細胞のイオンチャネルが開いて電気信号が発生する。これが嗅神経を通り一次中枢である嗅球へと伝わる。これが大脳皮質の嗅覚野に伝わりいろいろな情報処理により匂いとして認識される。

第19話 味覚情報はどのように脳で認知されるか？

味覚は動物の五感の1つで、舌が重要な役割を果たす。味成分を受容する味蕾《みらい》は舌乳頭《ぜつにゅうとう》と呼ばれる舌表面の突起に多く含まれている。味蕾は舌だけでなく、軟口蓋《なんこうがい》や咽頭《いんとう》部《ぶ》にも含まれている。ビールや水をうまいと感ずるのは、のど領域の味蕾の感知による。

■味蕾の構造と神経伝達

図27に味蕾の構造と味神経の形状を示す。舌を出してみると舌乳頭と呼ばれる丸いツブツブが見える。この舌乳頭の中に味蕾がありラグビーボール状の味細胞が並んでいる。味蕾の数は約8000個、1つの味蕾に味細胞が100個程度ある。

口腔内に食物が入って咀嚼され舌で唾液とともにかき混ぜられる。そのうちの味成分が舌上皮にある味孔《みこう》と呼ばれる穴に入ると、味細胞にある受容体と結合し、電気信号が発生する。電気信号は、味神経→延髄→橋→視床を経て、大脳皮質の味覚野に達する。その味情報は、過去の記憶や経験と照合されて何の味かが認識される。

■5つの基本味

ヒトが認識する味は甘味、酸味、塩味、苦味、うま味の5つが基本味である。この基本味はほかの基本味を組み合わせても作り出せない基本的な味であることが生理学的に証明されている。うま味を除く4種の味は感じはじめる濃度が違っている。低い濃度順に示すと、苦味→酸味→塩味→甘味の順で、苦味に一番敏感に反応する。苦味には有害物質が多いからで、それが非常に強い場合には、吐き気が起こる。苦味と塩味は応答範囲が広いが、酸味、甘味は狭く、特にショ糖による甘味は高濃度で応答が飽和する。以前は、甘味は舌の先端、舌の奥が苦味、舌の左右が酸味、全体で苦味を感じるとされていたが、それは間違いで、今ではどの味も舌全体で感じているとされている。

5つの基本味のうち、うま味については長い間基本味とは認められなかった。うま味の一種グルタミン酸は1908年に池田早苗により発見されたが、2000年に味蕾からグルタミン酸受容体が発見されて、ようやく世界で基本味と認められるようになった。

また、唐辛子などの辛みや渋みは、口腔内の痛覚受容器が感知するので、味覚に含めない。

■味に関する脳の働き

一次味覚野では、味の種類と量などを判断する。二次味覚野では、一次味覚野の情報を、匂いや温度、舌触りなどの情報と合わせて総合的に判断する。大脳皮質だけでなく、視床下部や扁桃体でも味や食欲の感覚に関わっている。視床下部では、食欲を亢進する摂食中枢や食欲を抑える満腹中枢、さらには血糖値に対応した活動も行う。扁桃体では、味のおいしい、まずいなど情動的な評価に関わる。おいしいという感覚は、扁桃体だけでなく、眼窩《がんか》前頭皮質、視床下部も関わり、抗不安薬としても用いられるベンゾジアゼピンという神経活性物質が分泌されることがわかっている。その結果、食後も余韻が残り、満ち足りた気分になる。まずいと感ずるときは、DBIという脳内物質が関与していることがわかっている。

■味覚と嗅覚

味覚は単独では存在することが少なく、大なり小なり嗅覚あるいは視覚や記憶などの影響を受ける。特に、嗅覚の影響が大きい。風邪を引いて鼻が詰まっていると、味覚の感覚が悪くなる。レモンの匂いを嗅ぎながらクエン酸を摂るとより酸っぱく感じるし、バニラを嗅ぎながらクエン酸を摂ると酸味が抑制される。

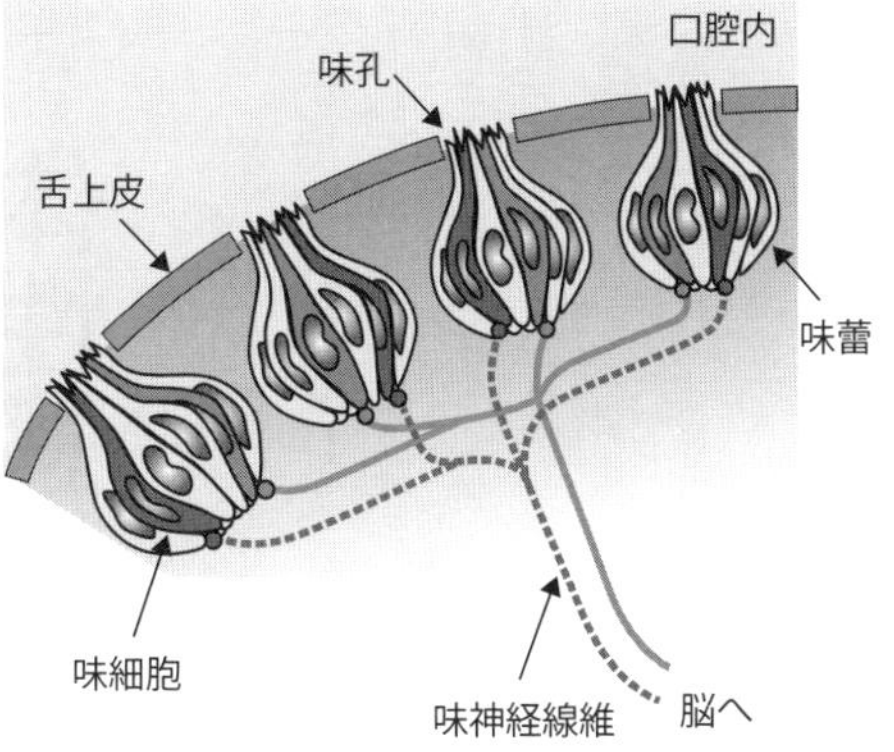

図 27　味蕾の構造と味神経の形状

まとめ　舌には舌乳頭と呼ばれる丸いツブツブがある。舌乳頭の中に味蕾があり味細胞が並んでいる。口腔内の味成分が舌上皮にある味孔と呼ばれる穴に入ると味細胞にある受容体と結合し、電気信号が発生する。電気信号は、味神経、延髄、橋、視床を経て、大脳皮質の味覚野に達する。その味情報は、過去の記憶や経験と照合されて何の味かが認識される。

第20話 体性感覚はどのように脳で認知されるか?

体性感覚とは、触覚、圧覚、痛覚、温度感覚、位置感覚、運動感覚で、その受容器は全身に分布している。体性感覚には、皮膚を通して得られる皮膚感覚と筋肉や関節など身体の内部から得られる固有感覚とがある。体性感覚は、身体の表面や内部で起こっている情報を脳の体性感覚野と呼ばれる部位（大脳皮質の中心溝の後方）に伝える。この部分の領域は、体の各領域からくる体性感覚の入力の量または重要性に応じて区分けされている。例えば、手の感覚に対しては脳皮質の大きい面積が割り当てられているのに対して、背中はずっと小さい面積しかない。

■皮膚感覚

皮膚感覚の受容器は、**図28**に示すように、皮膚の表皮、真皮、皮下組織に分布している。さまざまな受容器の種類があり、最も敏感に反応する刺激を適刺激という。自由神経終末は、温熱、冷熱、機械的刺激に反応する。受容器の特性は、順応しやすいかどうかにも関係する。各受容器の種類と特性を**表3**に示す。

■痛覚のしくみ

痛覚は自由神経終末への刺激で起こる。自由神経終末は、全身に分布していて身体のどこで損傷を受けてもすぐに脳に伝わるようになっている。例えば、指の皮膚を切ったとすると、切れたところの細胞は壊れる。すると、その細胞からカリウムイオン、セロトニン、アセチルコリンなどの発痛物質が出てくる。これらの物質が自由神経終末を刺激して電気信号が発生する。その電気信号が脳にまで伝わるが、痛みには2種類がある。例えば、ナイフで指を切ったとする。最初にきりっとした痛みが走る。次に最初の痛みが消えて鈍い持続的な痛みがする。最初の痛みは速く伝わり、後の痛みは長く続く。これらの痛みは別々の神経線維から脊髄、延髄、橋、中脳、視床を経て大脳皮質の体性感覚野に送られる。最初の痛みは刺激があった部位を瞬時に判断するための経路である。後の痛みの情報は、体性感覚野だけでなく、視床下部、大脳辺縁系などにも届いて、痛みによる発汗や心拍数の増加、情動への影響や記憶にも関与する。

痛覚にはほかの感覚と違う点がある。嗅覚は匂いに慣れてきてあまり感じなくなるが、痛みの場合は慣れることがなく、刺激が取り去るまで痛みが持続し、大脳に身の危険を知らせ続けている。

病気で末梢神経に障害のある人は、網の上でスルメを焼こうとして自分の手まで焼いてしまったということがあったそうである。痛覚は生きていくうえで不可欠な感覚である。

■温度感覚器

身体部位によって密度が異なり、口唇は足裏の6倍の密度である。刺激される範囲が広いほど温感が強くなる。冷たいと感じる冷点は温点よりも圧倒的に多い。24～30℃の間では0・5～1℃の弁別が可能で、体表全体の温度変化は0・01℃の差を弁別できる。

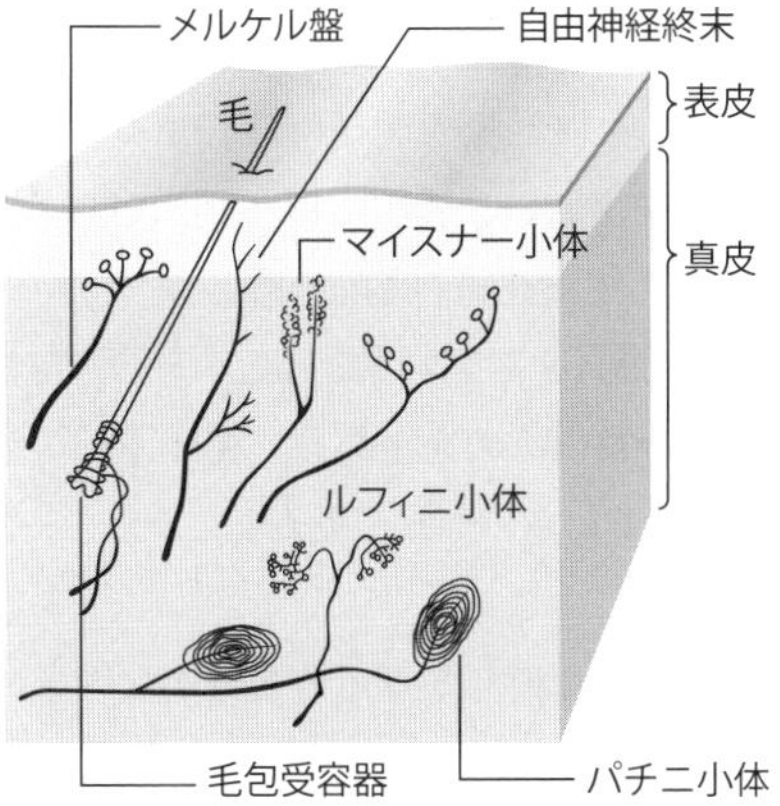

図 28　皮膚の構造と感覚器の形状

表 3　体性感覚受容器の特性

	受容器	適刺激	順応
温感 冷感	自由神経終末	10 ～ 30℃の冷刺激	中間
		30 ～ 45℃の温刺激	中間
痛覚	自由神経終末	機械的侵害	しない
		熱的・化学的侵害	しない
触圧覚	ルフィニ小体	皮膚の伸展・変形	非常に遅い
	メルケル盤	軽い接触	遅い
	マイスナー小体	圧・低周波振動	遅い
	パチニ小体	深部圧・振動	非常に速い
	毛包受容器	毛幹の動き	速い

まとめ　体性感覚は、触覚、圧覚、痛覚、温度感覚、位置感覚、運動感覚で、その受容器は全身に分布している。皮膚を通して得られる皮膚感覚と筋肉や関節など身体の内部からの固有感覚とがある。痛覚では、全身に分布している皮膚の自由神経終末が刺激され、セロトニン、アセチルコリンなどの発痛物質が出て電気信号が発生し、脳の体性感覚野に伝わる。

コラム2　視床下部の摂食中枢

私たちは、空腹感により摂食行動を起こし、満腹感によって摂食行動を止める。この本能的な行動は、間脳視床下部の外側野に存在する摂食中枢と腹内側核《ふくないそくかく》に存在する満腹中枢により調節されている。摂食中枢が刺激されると食物を摂取し、満腹中枢が刺激されると摂取が止まる。私たちは、これを毎日繰り返すことによって生命を維持している。

摂食行動の研究のために、マウスの視床下部の外側野を電気刺激すると、マウスは餌を食べ、満腹になっても食べ続ける。電気刺激を止めると食べるのを止める。視床下部の外側野を壊してしまうと、マウスは何も食べなくなって、痩せていき、やがて死んでしまう。一方、視床下部の腹内側核を破壊すると食べ続けて肥満となる。

食欲は空腹によって生じるが、空腹感がなくても食欲を感じるなどさまざまな因子の影響を受けている。血液中のグルコース、すなわち血糖によって、摂食中枢および満腹中枢が調節されている。摂食により血糖値が上昇すると、摂食中枢は抑制され、満腹中枢は刺激されて満腹感が生じる。時間の経過に伴い血糖値が低下すると、脂肪の分解が進むため、遊離脂肪酸量が増加し、摂食中枢が刺激される。

胃に食物が入ると、胃壁がのびる。すると、その変化に副交感神経が反応して満腹中枢を刺激し、満腹感を起こす。一方、胃の内容物が腸へ送られると胃壁が縮み、今度は交感神経が反応して摂食中枢を刺激し、空腹感を起こす。

食欲は、視覚・聴覚・嗅覚・味覚・触覚の五感覚の影響を受ける。目にした料理の色彩や形態、ジュウジュウと焼ける音や噛むことによって生じる音、漂う匂い、口にすることによって味わう味覚、口にした後の口腔粘膜の刺激による触覚が働き食欲を継続させる因子となる。

食欲は食経験の影響も受ける。五感による情報と食体験の記憶などが脳の扁桃体で統合され、おいしい、おいしくないの判断がなされる。これらの情報は視床下部に送られ、おいしいという判断は摂食中枢に伝わるので食欲が亢進する。他方、おいしくないという判断は満腹中枢に伝わるので食欲がわかなくなる。また、幼少期や小児期に習慣づけられた食経験は、成長した後まで食習慣として残り、食欲にも影響を与える。

第3章 記憶と脳

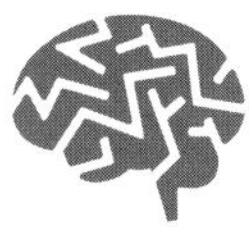

脳が記憶するには、記憶する内容の情報が必要である。感覚器から得られる外部情報は大脳皮質の各感覚野で処理され、大脳辺縁系の海馬に集められて整理統合され、必要に応じて大脳の側頭葉などに長期保存される。本章では、手続き記憶、出来事記憶、意味記憶など記憶の種類、記憶と情動との関係、記憶と夢との関係、なぜ忘れるのかについても述べる。

第21話 記憶のしくみは?

脳が記憶するには、まず記憶する内容の情報が必要である。視覚、聴覚、嗅覚などの感覚器から得られる外部情報は大脳皮質のそれぞれの感覚野に入って処理され、大脳辺縁系の海馬に集められる。ばらばらに集められた感覚野からの情報は、海馬で整理統合され1つのエピソードや意味として一定期間保存される。海馬は、その間にその記憶が長期にわたって覚えておくものか、一定期間保存すれば消去してもよいものかを選別する。つまり、海馬は記憶の司令塔のような働きを持つ。

■海馬を切除されたHM氏の記憶の状態

海馬は記憶の司令塔のような働きをしている根拠の1つとして、てんかんの手術を受けたHM氏の話がある。HM氏は重いてんかんの発作の治療のため、脳の一部を手術で取り除いたが、海馬もその中に含まれていた。HM氏が意識を取り戻したときには、2年前からの記憶が喪失し、新しい記憶も数分しか記憶に残らなかった。また、物事を新しく覚える能力も低下した。そうしたことから、記憶の定着には海馬の働きが必要であることが明らかとなった。

■海馬での記憶の固定の回路

外界からのさまざまな情報は、大脳皮質の側頭葉から海馬に送られ、整理統合される。その後、**図29**に示すように、海馬の中で、歯状回《しじょうかい》→CA3野→CA1野→海馬台という時計回りの経路を通り、再び側頭葉に戻される。その過程で、情報は記憶として固定される。海馬を損傷した患者は最近の事柄を覚えていなかったり、新しい記憶が困難だったりするので、海馬は蓄えた記憶のうち、保存しておくべき記憶を選び取る働きをしているものと考えられている。海馬での保存は1か月以内で、長期保存は側頭葉になされる。

■記憶のシナプス説

海馬で整理された情報は、大脳皮質に送られる。脳での記憶の保存方法はシナプス説が有力である。シナプスは、神経細胞からの突起で、隣の神経細胞との間で神経伝達が行われる。記憶の情報は、電気信号として神経細胞を刺激する。その刺激が強いほどシナプスの伝達効率が上がったり、シナプスの数や断面積が増えたりする。記憶とは、「特定の回路が新しくできること」であり、それはシナプスの状態が特定の電気信号を通しやすくするように維持することで実現される。

■シナプス可塑性

私たちが記憶するとき、脳の中では神経細胞のネットワークに変化が起こっている。記憶が維持されるためには、シナプスの状態に何らかの変化が起こり、その変化が維持される必要がある。そのような性質をシナプス可塑性と呼ぶ。可塑性が高いとは、新しい機能を獲得し維持する性質が優れていることを示す。神経細胞のネットワークの変化をもたらす方法としては、①神経細胞の数を増やす、②シナプスの数を増やす、③シナプスにおける信号の伝達効率を増やすことが考えられる。このうち、記憶の基本的な原理として、主に③が考えられている。

シナプスの伝達効率の増加の機構として次に示すヘブの法則がある。

① 閾値を超える強い入力があったシナプスにのみ可塑性が生ずる。

② 全く活動していないシナプスは、ほかの入力の影響を受けない。

③ 閾値を超えない信号であっても同時にいくつかの強い入力があれば、シナプスには可塑性が生ずる。

このようなシナプス可塑性による神経の伝達効率の増加を長期増強（ＬＴＰ）と呼んでいる。

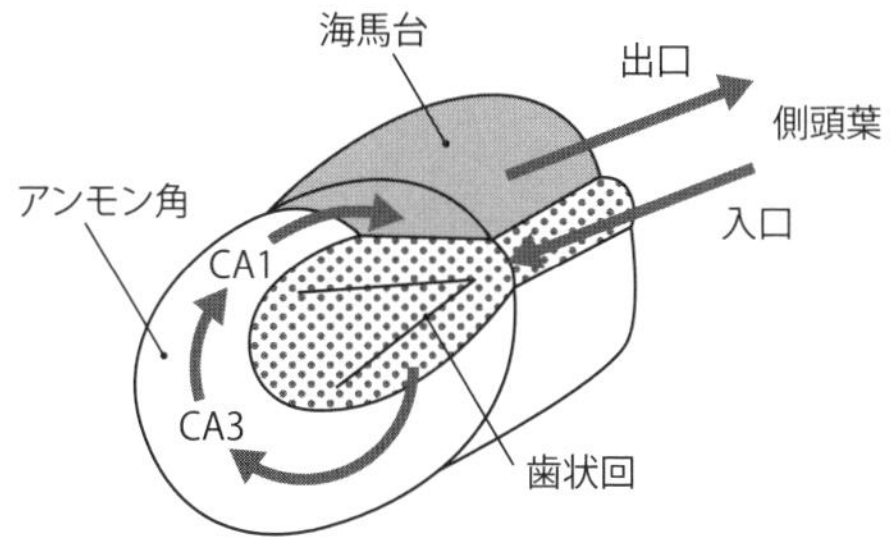

図 29　海馬での記憶の回路

まとめ　脳が記憶する内容は、視覚、聴覚などの感覚器から得られる情報が大脳皮質の感覚野で処理され、大脳辺縁系の海馬に集められる。海馬では記憶が整理統合され一定期間保存される。記憶によって脳の中では神経細胞のネットワークに変化が起こる。シナプスの伝達効率が良くなることが記憶の維持されるために必要である。これをシナプス可塑性と呼ぶ。

第22話 非陳述記憶とは?

記憶には数分以内の短い時間で忘れてしまう短期記憶と長期まで残る長期記憶とがある。長期記憶には、思い出や知識など言葉や図形などで言い表すことができる陳述記憶と言葉で言い表せない非陳述記憶とがある。記憶の種類を**図30**に示す。

非陳述記憶とは、無意識のうちに働く記憶である。意識上に内容を想起できず、言語などを介してその内容を述べられない記憶である。身体で覚える手続き記憶、プライミング記憶、古典的条件づけなどがある。

■手続き記憶

手続き記憶は長期記憶の一種で、自転車に乗ること、水泳、楽器の演奏など身体で覚える記憶で、技の記憶とも呼ばれる。これらは簡単に覚えることはできないが、反復練習により一度覚えると陳述記憶に比べて忘れにくく、長期間のブランクがあっても忘れることはない。

手続き記憶に中心的な役割を果たすのが、小脳と大脳基底核である。小脳は、繰り返しの身体運動によって獲得する能力に関わっている。大脳基底核は、運動に必要な筋肉群や関節を合わせて調和をとり、姿勢を安定させたり、運動の開始や停止を制御し、記憶することに関わっている。

手続き記憶は、小脳と大脳基底核が主に担うので、陳述記憶が担う海馬や側頭葉が損傷されても影響がない。

■自転車に乗れるのは手続き記憶

例えば、自転車に乗る練習をしているとき、小脳と大脳基底核とが頻繁に情報のやり取りをする神経回路ができていると考えられる。その神経回路網では、小脳と大脳基底核との間で正のフィードバック回路が形成され、練習によって回路の修正が行われ、やがて「自転車に乗る」ための一連の筋肉群や関節の動きがパッケージ化されて「自転車に乗る記憶」の原型ができるものと考えられる。その過程で、その原型の情報は大脳皮質の運動野にも刻々と伝えられて、練習をしている意識的部分になると考えられる。そして、さらなる練習で1つの飛躍があったとき、その原型は修正され手続き記憶は完成する。手続き記憶は、小脳と大脳基底核が受け持つので、無意識に身体が動くことになる。海馬に損傷がある人でも、手続き記憶は失われない。

アルツハイマー病になった人が自分の子どもがわからなくなった場合でも、箸の使い方や歩き方を忘れることはない。これらは手続き記憶だからである。

■プライミング記憶

プライミング記憶とは、先に取り入れた情報が、その後に受け取る情報に影響を与えることをいう。状況判断を素早くするのに役立っているが、それは無意識的に行われる。例えば、アルツハイマー病という言葉が何回か出ている本を読んでいるとき、途中でアルツマイハー病と書いてあってもアルツハイマー病と読んでしまう。プライミング記憶は本などを素早く読むには役立つ記憶である。

■古典的条件づけ

梅干しを見ると唾液が出るなどの条件反射的な記憶をいう。これも無意識的になされる。

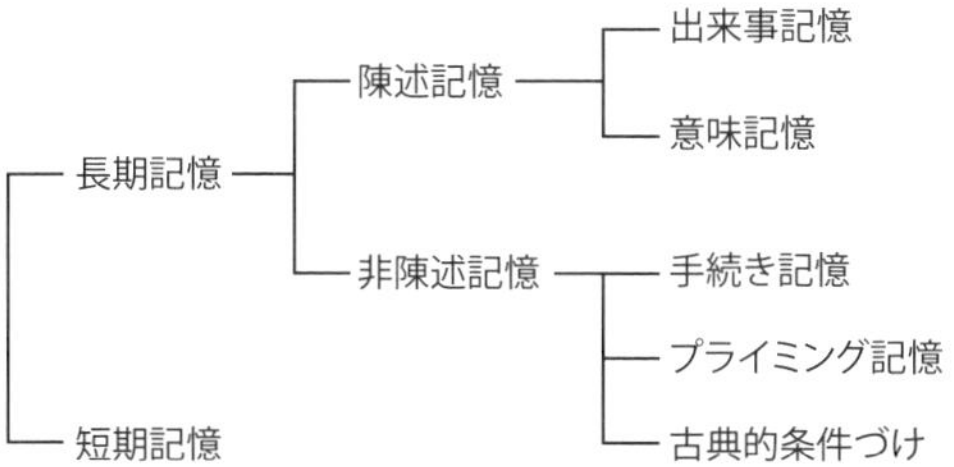

図30　記憶の種類

まとめ　記憶には短時間で忘れてしまう短期記憶と長期まで残る長期記憶とがある。長期記憶には思い出や知識など言葉や図形で言い表すことができる陳述的記憶と言葉で言い表せない非陳述的記憶とがある。非陳述的記憶とは無意識のうちに働く記憶で、水泳など身体で覚える手続き記憶、プライミング記憶、古典的条件づけなどがある。

第23話　出来事記憶と意味記憶とは?

陳述記憶とは、覚えている内容を言葉で表現したり、絵などで表現したり、意識的に表現できる記憶のことである。陳述記憶はさらに出来事記憶と意味記憶に分けられる。

出来事記憶は、人生で特別に意味のあるエピソードや日々の出来事の記憶で、エピソード記憶とも呼ばれる。例えば、高校1年の入学の日の出来事や昨年降った大雪の雪掻きの記憶などで、「・・・を覚えていますか?」という質問の答えとなるような記憶である。

意味記憶は、学習を繰り返して獲得した記憶で、掛け算九九や歴史年表、英単語などで「・・・を知っていますか?」の答えとなるような記憶である。

出来事記憶も意味記憶も、言語的記憶と非言語的記憶がある。言語的記憶は、言葉で記憶していて、言葉として再生ができる。先週故郷の○○さんと会った、徳川幕府を開いたのは徳川家康、というのが言語的記憶である。非言語的記憶は、人の顔のように言葉では表現できないが、頭に思い浮かべたり写真を見たりして、「○○さんだ」と言うことができる記憶である。旅行先の風景の記憶や、ベートーベンの音楽だ、とわかる記憶などは非言語的記憶である。

■記憶の階層システム

「金魚は泳げますか」という質問と「金魚は呼吸をしていますか」という質問をすると、両方とも「はいそうです」と答えるが、始めの答えは即座に帰ってくるのに、後の答えには少し時間がかかるという。その理由に、同じ金魚に関する意味記憶であっても、どれも同じレベルで脳に記憶されているわけではなく、いくつかの階層に分けて保存されていると言われる。階層の異なる記憶を何段階かに分けて引き出すため、答えにかかる時間が違うのである。

この階層に関する考え方は今までに述べたほかの記憶にもあてはまる。カナダのタルビングが提唱した記憶の階層システムを図31に示す。一番下の階層が手続き記憶、次がプライミング記憶でいずれも無意識に働く記憶である。次が、意味記憶、短期記憶で、最上段に出来事記憶がある。下層の階層であるほど原始的で、生命の維持に欠かせない記憶である。例えば、魚は手続き記憶である泳ぎを生まれてすぐにできる。この階層は生物の進化の過程をよく表している。進化論的に下等な動物ほど下の階層の記憶が発達している。また、進化論的に高等な動物ほど上の階層の記憶が発達している。

■年齢に伴う記憶の階層の変化

この階層は、人間の成長過程にもあてはまる。子どもが生まれてから、母乳を吸う、はいはいをするなどの手続き記憶が発達し、次にプライミング記憶、意味記憶、短期記憶、出来事記憶と続く。私たちは、生まれてから3歳くらいまでの記憶がない。これは、「幼児期健忘」と言われる現象で、海馬の歯状回が生後に形成されるため、この時期は海馬の形成が十分でなく、出来事記憶の発達が遅れることが原因である。また、9歳ごろにかけ算の九九を教えるのは、このころに意味記憶が発達して暗記が得意だからである。逆に、年をとると忘れやすくなる人が増えるが、この場合は、上の階層から消失していく。出来事記憶の能力が衰えると、置き忘れなどの日常的な行動も忘れてしまう。認知症の症状が進んで、意味記憶まで失われると、自分の身内までわからなくなる。それでも、最下層の手続き記憶は残っている。歩いたり、箸を使うなどの記憶は失われない。

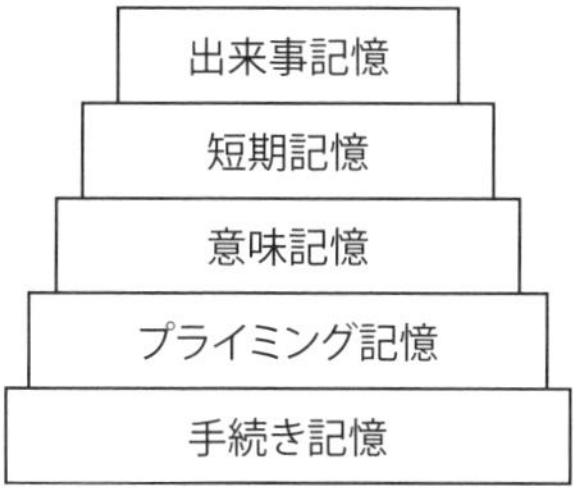

図 31 記憶の階層システム

まとめ 陳述記憶は覚えている内容を言葉や絵などで表現できる記憶である。陳述記憶はさらに出来事記憶と意味記憶に分かれる。出来事記憶は人生での出来事の記憶などで、エピソード記憶とも呼ばれる。意味記憶は学習により獲得した記憶である。記憶には無意識に行う手続き記憶から出来事記憶まで階層があり、進化的な発達や年齢的な発達と関連している。

第24話 ワーキングメモリとは?

ワーキングメモリ(作業記憶)は、前頭前野の特に46野と呼ばれるところに機能の中心があると考えられている短期記憶の1つである。例えば、電話番号を書き写す場合は、その番号をワーキングメモリに保存しながらメモとして書き写すが、用が済んだら忘れてしまう。ワーキングメモリは直近の知覚体験を一時保存しておき、その一部を長期保存するとともに、それ以外を消去していく記憶の一時保存所である。ワーキングメモリの記憶容量は覚える種類に依存し、数字なら約7個、文字なら約6個、単語なら約5個であるが、複雑な内容なら記憶容量は多い。

■ワーキングメモリの働き

ワーキングメモリには、直近の知覚情報と長期記憶の貯蔵庫から引き出してきた記憶の両方がある。昨日強盗事件があって、テレビで放映された事柄について友達と会話している場面を想定してみよう。相手がしゃべっていることと、昨日のテレビの内容の両方を理解していなければ会話が成り立たない。相手の話が長いと最初のほうで話した内容の一部を長期保存し、それ以外を消去しながら、相手の論旨を判断する。また、テレビの内容(長期記憶)と照らし合わせないと、次に自分の話す事柄が見当外れかも知れない。このように、ワーキングメモリは直近の知覚体験と長期記憶とが参照され、私たちの行動がなされていく。

ワーキングメモリは同時並行で作業を行うときに活躍する。朝食の後片付けをしながら洗濯機を回し、コーヒーを暖めるために電子レンジをつけているときは、3つのことをワーキングメモリに留めておかねばならない。そのうちの1つを忘れると、夜になって風呂の支度をしようとしたときに洗濯物を干すことを忘れていたことに気づくという事態になる。

ワーキングメモリは順序だてて作業を行うときにも活躍する。ABCの3つの過程からなる作業をする場合を考える。Aの作業をしているとき、その後にBとCの作業があることを念頭に作業する。BとCの作業に時間がかかることがわかっていればAの作業を急がねばならない。そのようにあることを念頭に置くことはワーキングメモリの役割である。

■ワーキングメモリが働く脳の領域

ワーキングメモリでは、知覚体験からくる短期記憶と長期記憶とが参照されるので脳のいろいろな部位が活動する。ワーキングメモリの脳内での働きを**図32**に示す。

ワーキングメモリを主として担当するのが、大脳皮質の前頭前野の46野と呼ばれる領域と考えられている。ここには、視覚野、聴覚野、嗅覚野、体性感覚野からの情報と長期記憶の情報とが集まる。集められた情報をもとに、次の行動を決定し、保存する。その行動が話すということであれば、高次運動野に伝えられて、話すための筋肉の一連の動きを生み出す。前頭連合野はさらに、選択された情報をもとに、大脳辺縁系に働きかける。情動を生み出す扁桃体や記憶の整理保存に関わる海馬が適切に働くようにコントロールを行う。つまり、前頭連合野は、ワーキングメモリを中心に脳全体を制御する総合司令塔としての役割を果たしている。ワーキングメモリは、個人の行動の決定に関わる重要な脳内過程である。私たちの自意識が生起している場がワーキングメモリであると考える脳科学者もいる。また、ワーキングメモリの活動が活発な人を「頭が良い」という人もいる。

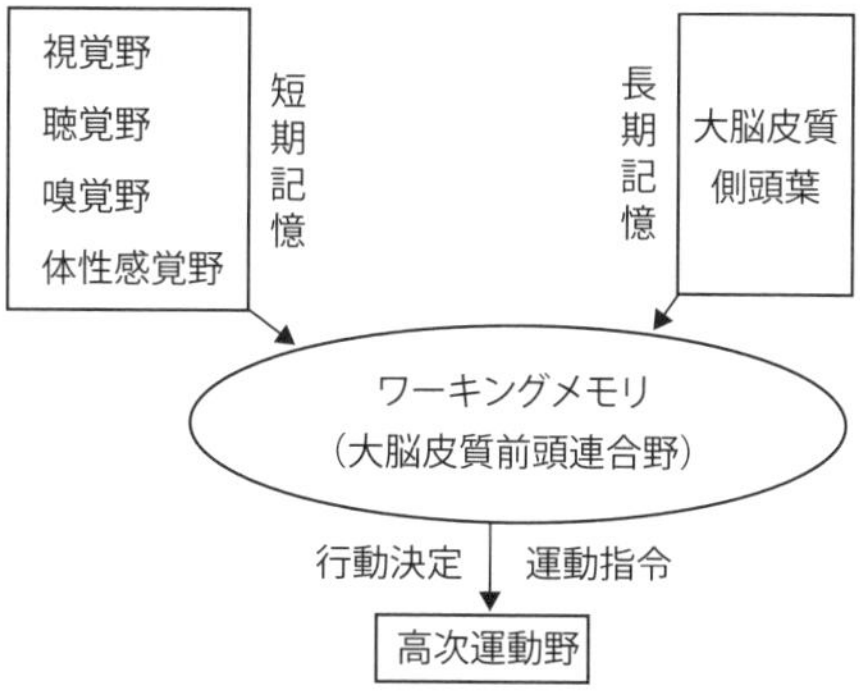

図32　ワーキングメモリの働き

まとめ　ワーキングメモリは前頭前野に機能がある短期記憶の1つである。知覚体験を一時保存しておき、その一部を長期保存し、それ以外を消去する。ワーキングメモリは感覚野からの短期記憶と側頭葉にある長期記憶をもとに、次の行動を決定し保存する。その行動が話すことであれば、高次運動野に伝えて話すための筋肉の一連の動きを生み出す。

第25話 人はなぜ忘れるのか？

メガネを取りに2階に上がったが、ベランダの洗濯物に気を取られて洗濯物を持って階段を降りてしまう。テーブルの新聞を見てメガネを取ってくるのを忘れたことに気づく。こんな経験は誰にでもあるだろう。これは、ワーキングメモリの一時記憶がうまく働かなかった例である。ワーキングメモリの機能が低下しているためではなく、洗濯物に気を取られていたためである。メガネを取りに行くことが、その人にとってとても重要なことであれば、忘れることはない。脳の記憶容量は10テラバイトほどで、忘れることは限りある脳の容量を有効に使う手段である。

記憶したことは、繰り返し思い出すことがなければ忘れ去られる運命にある。これが普通の忘却である。意識的に記憶しようとしたり、思い出そうとすることはできても、意識的に忘れようとすることは難しい。嫌なことを忘れようとしても、忘れようと努力するたびにそのことを思い出してしまい、逆に記憶が強く残るのである。

■思い出せない理由

何かを記憶するときは、特定のシナプスに結びついた記憶の回路に電気信号が流れて、新しい回路が形成される。その記憶を思い出すときは、その回路に電気信号が流れることによって記憶が引き出される。覚えているはずのこと、体験したことの一部が思い出せないのは、記憶を再生する電気信号の強さが弱いためである。思い出せないのは、元々記憶しようとする意思が強くないからで、脳はあまり重要ではないと判断したからである。指令のエネルギーが弱いために、回路の周りを回っているだけで、なかなか思い出せない。しかし、回路の周りを回っていると何かの拍子に回路に入り込めて突然思い出すこともある。物忘れをするからといって、記憶が消えるわけではない。

マウスの海馬における実験から、神経発生を阻害すると新たな記憶形成を妨げ、神経発生を促進すると新たな記憶形成をより強化するということがわかっている。

■加齢による物忘れ

年を取ると物忘れが多くなる。加齢による大脳皮質の前頭前野や大脳辺縁系の海馬などの縮小が認められている。記憶するときは、大脳皮質で多くの神経細胞とシナプスが組み合わされて、記憶の回路を形成する。若いころは、無数の組み合わせから効率の良い回路が選べるが、年とともに記憶すべき内容が多くなるし、効率的な組み合わせが減ってくる。効率の良い回路が減ることで新しくものを覚えるのが困難になる。ただ、加齢によって低下するのは、近時記憶のみなので、ほかの記憶はあまり低下しないようである。したがって、認知症などを発症しなければ、物忘れを気にすることはない。

■健忘症

アルツハイマー病の最も重要な症状は健忘である。その原因としては、神経細胞が死ぬ、βアミロイドやリン酸化タウタンパクというゴミが脳にたまるという説が今のところ有力である。一方、頭を打った衝撃や心理的なショックなどによって一時的に記憶喪失となることがある。このような健忘でも、脳に何らかの異常があることが原因であることに変りがない。典型的な症状は、記憶喪失のきっかけになったことを全く覚えていないことである。重い記憶喪失では、自分が誰であるのか、今どこにいるのかすらわからなくなることがある。

■酒を飲み過ぎるとなぜ記憶がなくなるか

アルコールは分子が小さいので、血液脳関門を通過して脳内に入り込む。前頭葉にアルコールが入ると、理性をつかさどる働きが弱くなって行動の抑制が効かなくなる。次に、海馬にアルコールが運ばれると、短期記憶は保たれているのでその場限りの会話ができるが、長期記憶ができなくなる。出来事記憶が残らないので、翌朝には昨夜の出来事をほとんど覚えていない。また、小脳にもアルコールが入るので、微妙な運動機能が働かなくなって、足取りがフラフラし、ろれつが回らなくなる。家に帰る途中で、車にひかれそうになった記憶は残っているが、前後の記憶は抜けている。

まとめ　記憶を思い出すときは記憶の回路に電気信号が流れて記憶が引き出される。思い出せないのは記憶を再生する電気信号が弱いためである。記憶したことは忘れ去られる運命にある。脳の記憶容量は約10テラバイトで、忘れることは記憶容量を有効に使う手段である。加齢による物忘れは効率の良い神経細胞とシナプスの組み合わせが減るためである。

第26話 記憶と情動との関係は？

強い感情を伴った記憶は忘れにくいと言われている。授業や会議の内容は忘れても、好きな人との会話は忘れないものである。生物にとって最も原始的な感情である恐怖を例に考えてみる。恐怖、すなわち身に危険を感じた記憶を保存しておくことは、動物が生き残るために必要な能力である。ヒトにもその能力が備わっている。

怖いと感じるような状況では、脳ではまず扁桃体が活動する。扁桃体が刺激を受けると、危険に対処するために、身体に指令が送られると同時に、その瞬間についての記憶が海馬で強化されることがわかっている。一方で、扁桃体の活動が別の経路で大脳皮質に伝えられ、ここで「怖い」という感情が生まれている。ヒトが「怖い」と感じるのは、扁桃体が活動するような危険な状況を忘れにくくし、次に同じような危険にあったときに回避行動を起こしやすくするためである。**図33**に恐怖を感じる出来事があると記憶が強化されるしくみを示す。

■ストレスホルモンと記憶との関わり

「怖い」などのストレスを受けると、副腎から2種類のストレスホルモンが放出されることが動物実験などからわかっている。ストレスが弱いときは副腎皮質からコルチゾールが、ストレスが強いときは副腎髄質からアドレナリンが放出される。

ストレスホルモンが放出されると、こころの病気になりやすい。PTSD（心的外傷後ストレス障害）の脳内では、扁桃体が過剰に活動していることがわかっている。過去のトラウマが、感情を伴い強い記憶として脳内に残り続けているためである。PTSDの患者は、唐突に恐怖を感じたり、不安が続いたりする。うつ病や自閉症スペクトラム障害など、こころの病には同じことが言える。

コルチゾールは血液脳関門を通過でき、血流によって脳幹の孤束核《こそくかく》や扁桃体外側基底核、また大脳皮質の神経細胞を興奮させ、記憶の固定化を増強する。アドレナリンは血液脳関門を通過できないが、間接的に脳内に神経伝達物質を放出して記憶に影響を与える。アドレナリンは迷走神経を興奮させる。迷走神経は脳幹の孤束核の神経細胞を興奮させ、扁桃体内にノルアドレナリンが放出される。扁桃体内の受容体にノルアドレナリンが結合すると、コルチゾールの作用が強まり、記憶の固定化が促進される。抑制性神経伝達物質であるGABAは、扁桃体内でのノルアドレナリンを抑制する。したがって、GABAの働きをブロックする薬物は、扁桃体内でのノルアドレナリンの放出を増やし、記憶を増強する効果を持つ。

■ワクワクすることが脳の働きを高める

オスのマウスを小部屋に入れ、脚に弱い電気ショックをほどこし苦痛を与えると、海馬が活性化して、苦痛の記憶が刻まれる。海馬を光で刺激すると、苦痛の記憶がよみがえり、電気ショックを与えなくても、マウスは体がすくんでしまう。しかし、この小部屋にメスのマウスを入れると事態は変わる。オスマウスが、メスのマウスと1時間ほど遊んでいるうちに、その苦痛の記憶がなくなる。海馬のマーク部分が「嫌な記憶」から「楽しい記憶」に置き換わったためである。

面白いとか楽しいという気持ちにも扁桃体が働いている。扁桃体が働くと海馬で長期増強（LTP）が起こることがわかっている。したがって、面白いと感ずることを見つけ、それに積極的に取り組めばLTPによって、効率よく記憶することができる。また、そのような状態では、脳由来神経栄養因子（BDNF）と新しい脳細胞が海馬で増えることがわかっている。そういう意味では、脳は使えば使うほど効率が良くなると言える。

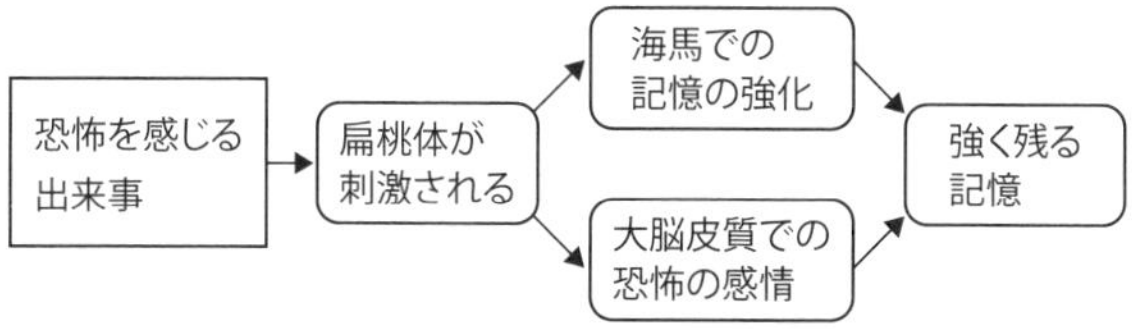

図33 恐怖を感じる出来事と記憶強化のしくみ

まとめ 強い感情を伴った記憶は忘れにくい。怖いと感じる状況では、脳の扁桃体が刺激される。扁桃体からその瞬間についての記憶が海馬で強化されるとともに大脳皮質に伝えられ、怖いという感情が生まれる。そのとき、ストレスホルモンが出され、記憶の固定化を増強する。楽しいことがあると、嫌な記憶を忘れる傾向がある。

第27話 記憶と夢との関係は？

私たちが眠りに入るとしだいに眠りが深くなり、ノンレム睡眠という状態になる。ノンレム睡眠の間は､脳は呼吸、血液循環、血圧制御、体温維持などの生命維持機能に必要な脳幹を除いて機能を落とし、休息モードになる。その後しだいに眠りが浅くなりレム睡眠になる。レム（REM：rapid eye movement）とは急速眼球運動ことで、身体は弛緩してリラックスしているが、眼球が動いている睡眠状態である。レム睡眠の時間は10～30分程度で、約90分周期で1晩に4回程度ある。レム睡眠中の身体は休息状態にあるが、脳には活発に働いている部位があり、覚醒中に見られるα波が出ている。

■夢を見ている間の記憶整理

寝ている間に見る夢は、日中に起きた出来事の記憶を定着させるための作業であるとの説がある。レム睡眠中は、記憶を担う海馬、大脳辺縁系をつなぐ帯状回などが活動している。特に海馬からはθ波という記憶処理中の脳波が出ているという。レム睡眠中の海馬は、1日の記憶を整理して、保存すべき情報と消去すべき情報とを分類しているらしい。このとき、私たちは夢を見ている状態になる。夢を見ないという人もいるが、それは見た夢を覚えていないだけのことである。

ノンレム睡眠でも夢を見るが、その内容は記憶に残りにくい。ノンレム睡眠を挟んだ時間帯に起きると、夢は思い出しにくくなるという。ノンレム睡眠中の夢は、レム睡眠中の夢が行う記憶整理作業の補助的な作業を行っていると言われている。

■夢を見ている間の脳の活動

夢の中で、過去に経験した場面やそのときの人がでたらめな文脈で登場することがある。これは、脳の論理的な部分が休息中でよく働いていないためだと言われる。レム睡眠中の大脳では、海馬、扁桃体、帯状回前部など本能的な情動に関わる部分が活発になっている。一方、前頭前野など論理的な判断をする部分は抑制されている。

■夢を見る意味

夢の元になっている情報は私たちに必要な情報、つまり気になっている情報が含まれていることが多い。その情報とは、どちらかというと、怖かったとか、不安を感じるとか、不思議な夢のほうが多いようだ。生命の大原則から考えると、プラスの要因よりもマイナスな要因をしっかりと把握してそれに備えるほうがより生存に有利である。また、辛い感情は夢の中で何度も追体験することで徐々に感情の振れ幅を抑え込めることもある。怖い夢は起きたあとに印象に残りやすいこともある。

■レム睡眠で学習効率が向上するか?

「レム睡眠中に記憶の整理が進み、学習が進む」という仮説のもとに実験が行われた。①被験者に正常な睡眠時間を与える。②脳波がレム睡眠を示すと、被験者を起こしてレム睡眠を減らす。③同様の手段でノンレム睡眠を減らす。という3つの条件で行なわれた。その結果、①と③では学習効果がみられたが、②では学習効果が見られなかったという。このことは、レム睡眠が学習の定着に有効な働きをしているものと思われる。

このような結果から、睡眠中に見る夢によって知覚や運動技能に関する記憶の定着化が進み、学習の効果が長期間持続するということが言える。テニスのレッスンでどんなに練習してもうまく打てないことがあり、フテ寝をしてしまったが、翌日同じ練習をしたらすんなりうまく打てたということがある。また、一生懸命勉強してもさっぱりわからなかったことが、ある日突然よく理解できたということもある。こうした効果は「追憶現象」と呼ばれている。寝ている間に記憶が整理され、その後の学習を助けた結果であると言える。また、1日に同じ教科を6時間勉強するよりも、2時間ずつ3日に分けて勉強したほうが脳にとって記憶しやすい状態になっているということが言える。

テスト前に徹夜で勉強する人がいるが、その学習効果は一時的である。学習の情報が側頭葉に長期保存されていないために、数日後には忘れてしまう可能性が高い。こつこつ毎日少しずつ勉強するほうがはるかに効率的である。

まとめ　夢は日中に起きた出来事の記憶を定着させている。レム睡眠中の海馬は1日の記憶を整理し、保存すべき情報と消去すべき情報とを分類し、夢を見ている状態になる。ノンレム睡眠でも夢を見るが、その内容は記憶に残りにくい。ノンレム睡眠中の夢は、レム睡眠中の夢が行う記憶整理作業の補助的な作業を行っていると言われている。

第28話 記憶が強化された状態とは？

脳における信号伝達は、軸索を信号が走ってシナプスに達し、シナプスにおける神経伝達物質が受容体に結びつくことによって行われる。記憶が強化された状態とは、シナプス可塑性によって神経の伝達効率が増加した状態で、長期増強（LTP）と呼ばれる。

■長期増強（LTP）

LTPはウサギの海馬で初めて発見されて以来、大脳皮質、小脳、扁桃体などの脳の部位で見つかっている。LTPは哺乳類の持つすべての興奮性シナプスで起きている。記憶と学習に関わる神経伝達物質としてグルタミン酸がある。グルタミン酸のシナプスでの受容体には、NMDA（N-メチル-D-アスパラギン酸）型受容体とAMPA型受容体とがある。

大人の海馬のCA1におけるNMDA型グルタミン酸受容体によるLTPは広く研究されている。海馬から取り出した2つの神経細胞を皿の上に置き、片方の神経細胞に電極を差し込んで電気刺激するともう一方の神経細胞に電気信号が現れた。これは、記憶されたことを示す。1秒間に100回以上の刺激を与えると非常に大きな信号が現れた。これがLTPである。LTPは、記憶の信号が強いほど、繰り返しの回数が多いほどより強くなる。

■LTPとスパイン

LTPが起こっているときのシナプスの形状を顕微鏡で調べた研究がある。図34に示すように、上側に神経の末端（前シナプス）があり、受け手側には樹状突起（後シナプス）がある。前シナプスと後シナプスとの間には隙間がある。この隙間の形状は、刺激前は（a）に示すように、後シナプスは平滑な形状だが、刺激後は(b)に示すように、後シナプスが膨れ、前シナプスから後シナプスへの信号伝達が起こりやすい形状になる。後シナプスの形状が棘みたいになるので、この樹状突起から突き出ている小区画をスパインと呼ぶ。つまり、LTPが起きるときにスパインができる。また、スパインは可動性があり、脳の他部位からの情報や電気的刺激に応じて数や形状が変化する。豊かな環境で育てられたラットは、刺激の少ない環境で生きているラットよりも多数のスパインがある。

LTPは、前期長期増強（E-LTP）と後期長期増強（L-LTP）の2段で起こる。E-LTPのしくみを図35に示す。シナプス前細胞に電気信号が届くと、①シナプス間隙にグルタミン酸が放出される、②グルタミン酸がシナプス後細胞にあるＡＭＰＡ型受容体に結合すると、神経細胞内にNa^{+}が流入して細胞内がプラスになり脱分極が起こる、③ＮＭＤＡ型受容体がMg^{2+}で占められていたため不活性であったが、Na^{+}の流入によりMg^{2+}が外れる、④ＮＭＤＡ型受容体の中央に穴が開いてCa^{2+}が流入して信号の伝達効率が上がる。

記憶を長く保つために、増えた受容体を維持するしくみがL-ＬＴＰである。L-ＬＴＰは、シナプス後細胞における遺伝子の転写とタンパク質の生合成により行われる。学習により信号が繰り返し送られると、カルシウムイオン（Ca^{2+}）が細胞核に働きかけ、受容体を維持するタンパク質が合成される。Ca^{2+}が流入すると、細胞核に働きかけるタンパク質がCa^{2+}と結合して活性化し、細胞核内でＣＲＥＢというタンパク質によりＤＮＡが読み出され、受容体を固定化するタンパク質が合成される。そのタンパク質により受容体が固定化され、ＬＴＰが維持される。

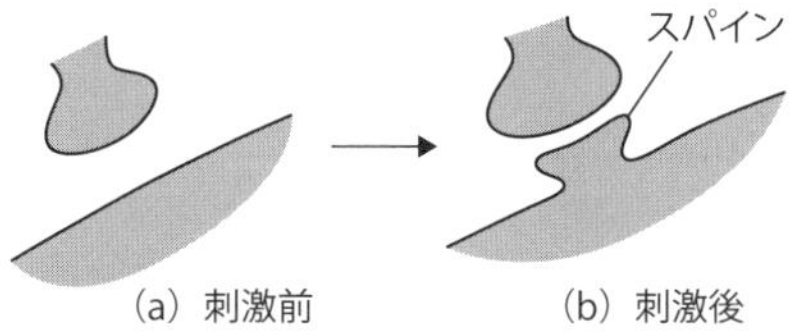

図 34　刺激によるスパインの形状変化

信号の入力

① グルタミン酸の放出

↓

② グルタミン酸が AMPA 型受容体に結合して Na^{+}が細胞内に流入して脱分極

↓

③ Mg^{2+}で占められた不活性な NMDA 型受容体の Mg^{2+}が Na^{+}の流入により外れる

↓

④ NMDA 型受容体に Ca^{2+}が流入して活性化し信号の伝達効率が上がる

図 35　前期長期増強（E-LTP）の仕組み

まとめ　記憶が強化された状態とは、シナプス可塑性によって神経の伝達効率が増加した状態で、ＬＴＰと呼ばれる。ＬＴＰは、記憶の信号が強いほど、繰り返しの回数が多いほど強く行われる。ＬＴＰが起きるときにはスパインができる。ＬＴＰは信号の入力によって伝達効率が上がる過程と、維持するための過程とで成り立っている。

コラム3　てんかん

ヒトの行動は、神経細胞の興奮と抑制のバランスで成り立っている。何らかの理由で、ある特定の神経伝達回路を形成する神経細胞に抑制が働かない場合がある。神経細胞の過剰興奮は、筋肉のけいれんや異常硬直、意識障害、失神などを引き起こす。このような疾患を「てんかん」という。てんかんの患者は、100人に1人の割合でいると言われている。さらに一生の間に数回以下の発作しか起こさない例も含めると、人口の5%になると言われている。

発症年齢は、乳幼児期から高齢期まで、全ての年代で発病する。3歳以下の発病が最も多く、80%は18歳以前に発病すると言われている。最近は、脳血管障害などが原因となる高齢者の発病が増えている。

◎発作の種類

興奮の広がり方や原因によっていくつかの種類に分けられている。過剰興奮が脳全体に広がる「全般性発作」では、意識が最初からなくなったり各種のけいれんが起こる。過剰興奮が一部にとどまる「部分発作」では、脳の局部に過剰興奮が起こりそれぞれ特徴的な症状がある。一次運動野で過剰興奮があると、対応する片側顔面、上枝、下肢にけいれんが生じる。補足運動野に過剰興奮があると、姿勢発作が起こる。視覚、聴覚、味覚、体性感覚野などに過剰興奮があると、対応する感覚に発作が起こる。側頭葉内側で過剰興奮があると、不快感、嘔気、嘔吐、発汗、立毛、頻脈などの自律神経症状が起こる。側頭葉に過剰興奮があると、既視感、未視感、恐怖感、離人感などの精神症状が起こる。

◎てんかんの原因

てんかんの起こる原因は、いろいろである。脳内に病変や外傷もなく原因がわからない突発性てんかんが圧倒的に多い。脳に何らかの障害や傷によって起こるてんかんは、生まれたときの仮死状態、脳炎、髄膜炎、脳出血、脳梗塞、脳外傷などによる。

◎てんかんの治療

治療には、神経細胞の興奮を抑える働きのある抗てんかん薬を用いる。抗てんかん薬には、神経伝達の際にできるナトリウムチャネルに結合することでその機能を抑制して興奮を抑えるもの、神経伝達を抑制する作用のある神経伝達物質GABAと同様の働きをするもの、GABAの分解酵素の働きを妨げる働きをするものなどがある。

第4章　言語と脳

ヒトは言葉を理解し、言葉を話せる唯一の動物である。言葉によって相手に自分の意思を伝え、相手の意思を理解できる。言葉は思考するための道具でもある。本章では、言語に必要な脳の場所、言語に関係する脳の働き、言葉を獲得するしくみ、バイリンガル獲得のしくみ、失語症のしくみなどについて述べる。

第29話 言語に必要な脳の場所はどこか？

ヒトは言葉を理解し、言葉を話せる唯一の動物である。言葉によって相手に自分の意思を伝え、相手の意思を理解できる。また、言葉は思考するための道具で、言葉なしにものごとを考えることは困難である。個人的な思考から、科学、情報、宗教、文学などあらゆる分野において、その基盤には言葉がある。

大脳皮質の前頭葉、側頭葉、頭頂葉のそれぞれにある連合野は、お互いに神経線維で結ばれている。神経線維は神経細胞の細胞体から遠ざかる方向に、電気信号を伝える。すべての連合野同士がお互いに神経線維で結びついていることが動物実験によって確かめられている。

言語の機能を担う言語野は連合野の一部で、3つの言語野は、**図36**に示すように、ブローカ野、ウェルニケ野、角《かく》回《かい》・縁上回《えんじょうかい》で、それぞれ前頭葉、側頭葉、頭頂葉にある。弓状束《きゅうじょうそく》は神経線維の束である。

■ブローカ野

1861年、ブローカは言葉を理解し話すための運動機能が正常であるにも関わらず、左脳の前頭葉の梗塞によって、発話の障害が起こることを初めて報告した。発話に関する言語障害は、ブローカ失話と呼ばれている。言語障害のほとんどの症例で左脳に障害があることは以前からわかっていたが、言語の機能が脳の一部に局在することを明らかにしたのはブローカである。その左脳の場所は、ブローカ野と呼ばれており、ブロードマンの44野と45野にあたる。

■ウェルニケ野

1874年、ウェルニケは言語学的に異なるタイプの言語障害があることを明らかにした。ウェルニケ失語は、話し言葉の理解や発話時の言葉の選択に障害が現れる。ウェルニケ野は側頭葉のブロードマンの22野にあたり、言葉を理解する領域である。

大多数の人の場合、ブローカ野やウェルニケ野は脳の左半球にある。ブローカ野やウェルニケ野に相当する右半球の部位には、さまざまな音のニュアンスを聞き分ける働きがあり、発話と言葉の理解はこの部位と連携していると考えられる。

■角回・縁上回

左脳の頭頂葉にある角回はブロードマンの39野に、縁上回はブロードマンの40野にあたり、最近独立した言語中枢と考えられるようになった。これらの領域では、ブローカ野とウェルニケ野の間を中継する役割があると考えられている。もう1つの役割は、文字などの視覚情報を受け取ることである。

■小脳の認知機能

小脳は運動の協調性や運動学習に必要な中枢である。発話などの言語課題で小脳が活動するし、小脳が損傷を受けたとき、言語障害が起こることもある。それは、小脳が運動のコントロールに関係しているためと考えられてきたが、最近運動以外の認知機能にも関係していると指摘されている。言語の文法処理が大脳でなされているが、その無意識的な部分を小脳が担っている可能性が考えられている。

■言語の大脳半球優位性

右利きの人の約96％は、言語機能が左脳にある。右利きの人で失語症が起こるのは、左脳に損傷がある場合がほとんどである。右利きの人の残りの約4％は、右脳が言語の優位半球であり、右脳の損傷が原因で失語症になるので、交叉性失語症と呼ばれる。

左利きの人は、約7％いる。手の運動に関する限り右脳が優位半球である。左利きの人で言語に関して左脳が優位半球なのは約70％で、残りの30％のうち、約半分は右脳が優位半球で、残りの半分は言語に半球優位性はないという。

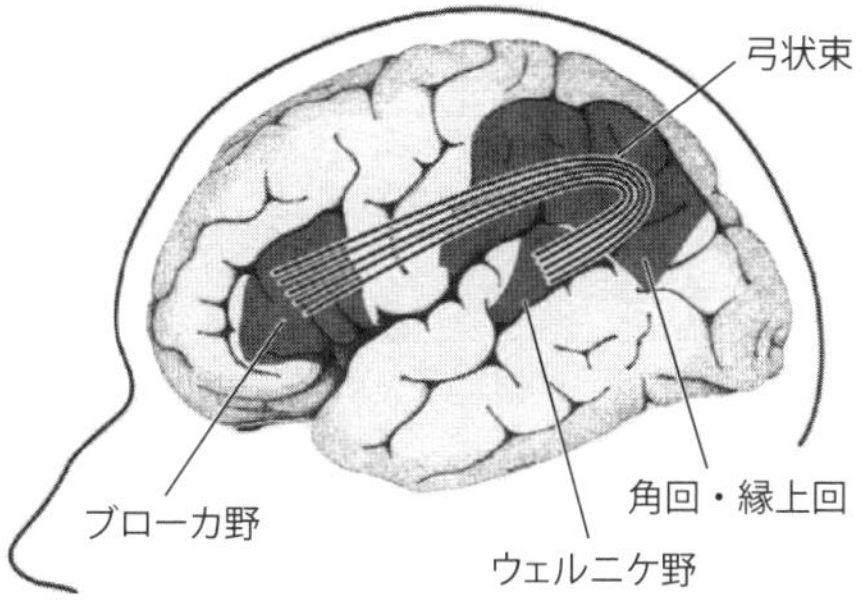

出典：酒井邦嘉著『チョムスキーと言語脳科学』インターナショナル新書，2019，p.185

図 36　大脳皮質の言語野

まとめ　言語の機能を担う3つの言語野はブローカ野、ウェルニケ野、角回・縁上回で、それぞれ前頭葉、側頭葉、頭頂葉にある。弓状束はそれらをつなぐ神経線維の束である。ブローカ野は発話、ウェルニケ野は話し言葉の理解や発話時の言葉の選択、角回・縁上回はブローカ野とウェルニケ野の間を中継する役割がある。言語野は主として左脳にある。

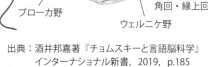

第30話 動物に言語はあるか？

日本語や英語は自然言語と呼ばれる。言語の研究では、手話も自然言語とされている。ただ、音声の代わりに視覚的な手段を使っているだけである。動物には意思伝達能力のあるものもいる。動物の意思伝達能力は言語（自然言語）と言えるものだろうか？

■ミツバチや犬の意思伝達能力

動物の中には、鳴き声や動作で仲間に意思を伝えているものがいる。ミツバチは8の字ダンスを行って、蜜のある花の方向と距離を伝える。ミツバチがダンスをするのは花を見つけたときだけで、何でもダンスで意思を伝えるわけではない。犬は自分に親切にしてくれる人と知らない人を区別できる。これは過去の出来事を「誰（主語）が」「どうした（述語）」に分けて考え、それを覚えているということであろう。犬も人間の言葉を使って訓練できるが、犬は人間の言葉に反応しているだけである。言語の発達には、いろいろな記憶を音声の差で区別できる器用な喉の発達が不可欠である。犬には複雑な音声を扱う能力がないため、「話し言葉」で世界を認識することはできない。

■ヒトとチンパンジーの違い

人間と遺伝的に最も近いとされているチンパンジーには言語能力があるのだろうか？　チンパンジーは人間のジェスチャーを理解できる。また、チンパンジーは、アメリカ手話を2年間に30のサインを覚えた例がある。しかし、サイン（手話単語）を覚えただけであって、文を使って会話をしたということにはならない。このような連想能力は、一般的な学習メカニズムに基づくものであって、言語を使っているということではない。道具を使うチンパンジーはいても、楽器を演奏したりチェスをしたりするチンパンジーはいない。言語に限らず、人間と動物との間には明確な境界がある。ヒトとチンパンジーのＤＮＡはゲノム（遺伝情報）全体の平均で約１・２％しか違わない。ヒトのゲノムの個人差は、０・07％の違いだし、少数の遺伝子ではヒトとチンパンジーで5％以上も違うことを強調する学者もいる。チンパンジーの能力を重視する人は、「進化の連続性」を主張する。それは、時間スケールを大きくとるからで、その場合は不連続な変化は目立たないが、進化は不連続的な変化を伴うとする学者は多い。ヒトがチンパンジーから分かれたのは、ＤＮＡから推定すると約７００万年前である。舌下《ぜっか》神経管の太さ（断面積）を測定すると、現代人は類人猿などより約2倍太く、約30万年前の化石人類は現代人並みだった。舌下神経は舌の筋肉を支配する運動神経で、舌の運動神経が急速に発達した直接の原因は「話す」ことにあったと考えられる。ヒトが言葉を話すようになったのは、脳が進化したからであるという。

■言語能力の獲得

チンパンジーは学習能力があるのに、言語能力はないとされる。それでは、どういう能力があれば言語能力があるとされるのだろうか？　単語の理解や単語の羅列だけでは言語能力があるとは言えない。言語の特徴は、個々の音や単語の組み合わせで新しい意味を持つ分離性、過去・未来・架空の話など目の前で起きていない出来事について話せる超越性、言語を使って無数の表現を行う能力を示す生産性、音や単語がどのように並ぶのかを定めたルールの文法を含むものである。

ヒトの幼児は2歳になる前から単語が言えるようになり、6歳ごろには急速に言語能力が発達してかなり複雑な文を含む言葉でも理解できるようになる。これは親が言語の文法を教えたからではない。では、ヒトの幼児はどのようにして文法を理解する能力を獲得したのだろうか？　言語学者のチョムスキーは、幼児の脳には初めから文法の知識があると考える。彼は発生のしくみで身体の各器官ができあがるのと同じように、脳に言語器官があって、言語も成長にしたがって発揮されると考えた。言語が本人の努力による学習の結果生ずるのではなく、言語の元になる能力、すなわち言語知識の原型がすでに脳に存在しているため、6歳ごろに急速に言語能力が発達するのだという。

まとめ　動物は鳴き声や動作で仲間に意思を伝える。犬は人間の言葉で訓練できるが、人間の言葉に反応するだけである。チンパンジーは学習能力はあるが言語能力はない。言語の発達には、音声の差を区別できる器用な喉の発達や文法の理解が必要である。ヒトの幼児は6歳ごろに言語能力が発達するが、それは言語知識の原型がすでに脳に存在しているためである。

第31話 言語に関係する脳の働きは？

言語能力とは、文法がある言葉を理解したり話したりする能力で、生まれたときからその原型が備わっているとすれば、脳のどこかに文法をつかさどる部位があるはずである。そのように考えた酒井らはｆＭＲＩの手法を使ってその部位を特定し、言語地図を作成した。大脳皮質の言語地図を**図37**に示す。図の左側が脳の前側である。文法装置は左脳の下前頭回《かぜんとうかい》で、ブローカ野を含んでいる。これを文法中枢と呼ぶ。図37に矢印で示してあるように、言語に関係する部位は独立して活動するのではなく、互いに連携しながら活動する。

語彙、音韻、文法、読解、これら4つの中枢が互いの情報を参照する順序はかなり複雑になる。例えば、「みにです」と言ったとして、それが「見にです」か、「身にです」か「実にです」か「ミニです」かを前後関係から判断しなければならないし、文末の抑揚が上がれば疑問の文になる。言葉の奥深さは、語彙、音韻、文法、読解の組み合わせの妙でもある。

■文法中枢の特定

文法中枢の特定にはｆＭＲＩの手法が使われた。ｆＭＲＩの手法とは、被験者がある文章を与えられたときに、それが文法的に正しいかどうかを判定してもらう実験を行い、その判断をするときに脳のどの部位の血流が増加するかで判定する。その文章とは、例えば「太郎は　三郎が　彼を　ほめると　思う」で、名詞と動詞のペアをそれぞれ提示してそのペアが文法的に正しいかどうかを質問する。被験者は、それ対して○か×かで答える。酒井らは、そのような問題以外にも、短期記憶と文法判断の違いが出るような課題を設定して、文法中枢の部位とワーキングメモリの部位が違うところにあることを示した。

■読解中枢

読解中枢は、ブローカ野にあり、文章を読むほか、音声や手話の入力もここで行われる。読解中枢では、話したり書いたりする筋肉の運動をつかさどっている。話をするときは、喉、舌、唇の筋肉を動かして発話するが、それらの筋肉運動を担う運動中枢に情報を送るのが読解中枢である。ここには、発話に関するさまざまな筋肉運動と同時に、文法中枢と連携して文法に従って話す働き、語彙中枢と連携して発話に必要な語彙を獲得する働き、音韻中枢と連携して発話に必要な音韻を獲得する働きがある。

■語彙と音韻の中枢

語彙と音韻の中枢は、左脳の角回・縁上回とウェルニケ野を含む領域にあり、後方言語野を形成している。後方言語野は、言葉を理解する領域で、誰かが話した言葉や書いたり読んだりする言葉の意味を理解する働きがある。音の刺激を処理する聴覚中枢の近くにあり、単語を構成する音の記憶が保存されている。

■分野別辞書

脳の中には、人名などを扱う固有名詞を扱う部位、生物の名前を担当する部位、日常生活で使うものの名前を扱う部位など特化された辞書のような部位がある。脳内の辞書は左脳の側頭葉下部にあるらしい。この部位に障害を持つ患者が、特定ジャンルのものの名前がわからなくなったという事例から、各部位と名称との対応が明らかとなった。

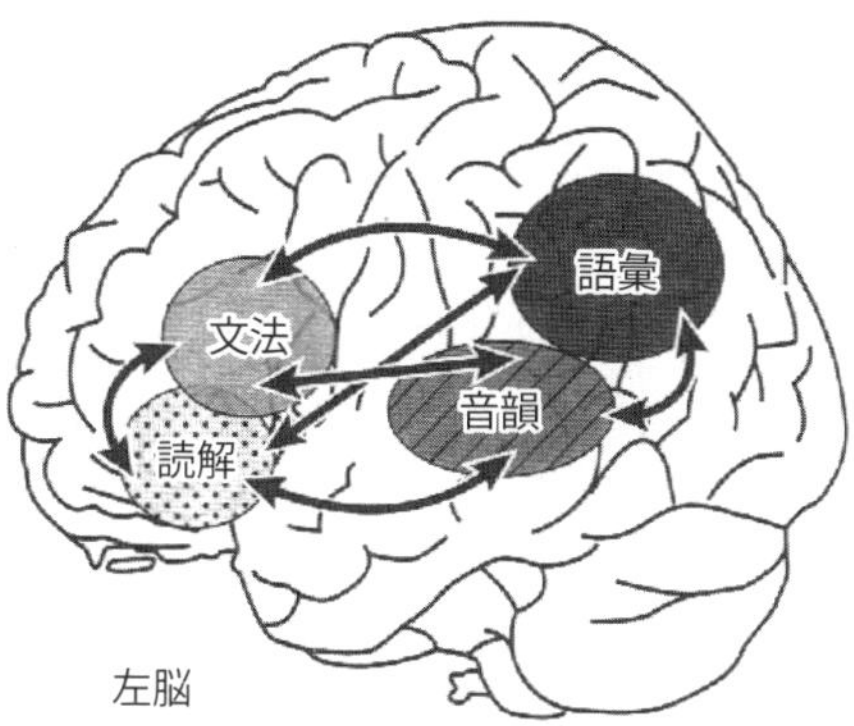

出典：酒井邦嘉著『チョムスキーと言語脳科学』インターナショナル新書，2019，p.187

図 37　大脳皮質の言語地図

■右脳の働き

人間は、コミュニケーションをより円滑に行うために、会話のときは右脳も活動している。相手の表情や身振り手振り、声の抑揚にどのような意味があるかを判断しながら会話をしている。相手の表情や身振り手振り、声の抑揚に注目したときに、左脳のブローカ野やウェルニケ野に相当する右脳の部位が活性化している。そのことから、会話をしているときは、左脳と右脳とが連携して活動しているものと思われる。

まとめ　言語能力に関する脳の４つの中枢、文法中枢、読解中枢、語彙中枢、音韻中枢が決定され、大脳皮質の言語地図が示された。文法中枢は文法的な正しさを判定する。読解中枢は話したり書いたりする筋肉の運動をつかさどる。語彙と音韻の中枢は話し言葉や書き言葉の意味を理解する。４つの中枢は独立して活動するのではなく、互いに連携しながら活動する。

第32話 失語症が起こるしくみは?

病気や事故により脳の言語中枢を損傷すると、それまで普通にできていた聞く、話す、読む、書くという言語機能が働かなくなる。これを失語症という。失語のほとんどは大脳左半球の損傷によって起こるが、その症状は損傷部位によってさまざまである。失語を大別すると、言葉をうまく話しにくくなる「非流暢性失語」と話すことはできるが意味が通じない「流暢性失語」とがある。高齢化社会の到来、生活習慣病の増加などにより、脳血管障害による失語症が増加している。

■話すことの障害

最もひどい場合は、言葉がなくなってしまう。1861年にブローカという医師がみた患者がタンタンという意味不明の言葉しか話せなかった。その障害はブローカ失語と呼ばれた。そこまで激しい失語はまれである。言いたいことがあるのにその言葉が出てこない、あるいは言いたいことがあるのに違う言葉が出てしまう場合がある。緊張している場合は特に言葉が出てこないが、あるときひょいと言葉が出てくることがある。

発語の量は1つの目安になるが、重要なのが発語の中身である。量は少なくても必要なときに必要な言葉を一言だけポツリと言う人がいる。これを失語とは言わない。ウェルニケ失語と呼ばれる失語の場合は、どんどんしゃべるのだが、中身がない。言葉が間違いだらけで、何を言いたいのかわからない。言い間違いは単音の水準でも単語の水準でも起こる。

■聞き取ることの障害

ウェルニケ失語では、音は聞こえているが、言葉の意味を理解することはできない。この障害では、聞こえた言葉の音韻が自分の持っている音韻と合致しないために理解できない。つまり、音声受容と音韻受容とは別の段階の働きで、音声受容はできているが、音韻受容が正しく行われないということが起きている。

また、この障害では、音韻は正しく受容できるが、単語の意味がわからないということが起こる。「メガネ」と言われて「メガネ」と繰り返すことはできる。しかし、いくつかの品物の中から「メガネ」を指さすことができない。この単語の理解障害には2つの性質の違う障害が含まれる。1つは、意味のシステムは正しく働いているが、音韻形を使って意味のシステムが正しく働かない場合である。もう1つは、単語の意味システム自体に障害が起きた場合である。単語の理解障害が軽い場合は、1つの単語は理解できても2つ以上言われると理解できなくなる。また、個別の単語の意味は理解できても、文章になると理解できなくなることもある。

■書くことの障害

言語障害が書字の面で表れたものを失書《しっしょ》という。文字を書くときは、言葉の理解、筋肉運動、感覚、注意、情動など、脳と身体のさまざまな機能が関連しており、失書障害の原因は多い。

失語性失書は、失語に伴う書字障害である。ブローカ失語では、自発的な書字の低下や音韻の間違いが起こる。ウェルニケ失語では、単語の選択を誤ったり、意味の通らない錯書《さくしょ》をしてしまう。

純粋失書は、後天的な脳障害により、字を書く能力のみに障害が出る場合をいう。文字の形を思い出せない、違う文字を書いてしまう、文字が歪む、発音を間違えて書き取るなどの症状が出る。

■その他の失語

「超皮質性運動失語」は前頭葉の障害で起こる。言語の理解はできるが、自発的に話すことが難しくなる。「伝導失語」は前頭葉下部の障害で起こる。言葉の理解は正常で流暢に話すが、単語の音韻性錯語が多い。「超皮質性感覚失語」は側頭葉の障害で起こる。話すことはできるが、話した内容の理解ができていない。音読もできるが、内容は理解していない。

■健忘失語

発話は流暢で聴覚的理解は正常もしくは比較的良好だが、言葉が思い出せない、言葉にできないのが特徴で、遠まわしで回りくどい説明がしばしば見られる。名詞の理解ができないこともある。アルツハイマー型認知症ではこの失語症を示すことが多い。アルツハイマー型認知症では「あれ、それ」など代名詞ばかりの会話や関連のない話題の繰り返しなどが多いのが特徴である。

まとめ　失語症とは病気や事故により脳の言語中枢が損傷し、聞く、話す、読む、書くという言語機能が働かなくなる。失語のほとんどは大脳左半球の損傷によって起こる。話す障害は言いたい言葉が出てこない。聞き取る障害は音は聞こるが言葉が理解できない。書くことの障害は言葉の理解、筋肉運動、感覚、注意など、脳と身体のさまざまな機能が関連している。

第33話 言葉を獲得するしくみは？

多くの子どもは、生後数年で語彙や文法など言葉に関する膨大な知識を身につける。乳幼児期の発話と言語理解は、生まれつきの能力と言われる。

乳幼児は生後6～8か月ごろから話し言葉を獲得する前段階として、意味のない声を発する。これは喃語《なんご》と呼ばれ、声帯の使い方や音の発声を試しているものと思われる。「アーウー」という母音のみから「ダーダー」など子音を含む喃語へと発展する。

生後10～12か月ごろからは、喃語を離れて単語を発音できるようになる。また、両親の問いに対して指を指して答えるなど、言葉を記号として理解している様子が見受けられる。

■幼児の言語獲得能力

生後2年ごろになると、語彙の数が急速に増えはじめる。「ママ、おかし」とか「わんわん、きた」など2つの単語を使った文を話せるようになる。相手に何かを要求したり、状況を報告するなど、言葉をコミュニケーションの手段として使いはじめる。これには幼児の置かれている環境も影響してくる。母親などが身近にいて言葉が多い環境だと幼児の言語獲得が順調に進む。新しい言葉の発音などは、母親の口元を見て真似をして覚えるからである。そして、6歳くらいまでの間に、毎日数語くらいのペースで新しい単語を覚えながら、同時に複雑な文法も身につけていく。しかも、幼児は言葉を覚えるのに特別な努力をしているようには見えない。これは、私たちが英語を勉強するときの苦労を考えれば、驚くべき能力である。

言葉の発達の遅い子どもや発達障害、自閉症の子どもは、2歳前後で言葉を発する代わりに大人の手を自分が要求したいものに近づけるクレーン現象を示すことがある。バナナの皮をむいて欲しいときに、大人の手をバナナに、絵本を読んで欲しいときに大人の手を絵本に近づける。これは、子どもの視野が狭いために、大人が目に入らず要求をかなえてくれる手に注目するためである。こうした場合には、子どもと目を合わせて言葉や指さしをすることが必要である。

■幼児の脳の不思議

幼児の脳の不思議を支えるメカニズムは、神経細胞の成長・増殖と神経回路の再編成である。それが言語の獲得にどのようにつながっているかはわからない。人間はほかの動物に比べて未熟な状態で生まれる。脳の未熟な幼児期が長いということは、言語のような複雑な構造を作りこむのに適しているのかもしれない。

■母国語の不思議

一生の間に接する言語の中で母国語に特別な意味があるのは、なぜだろうか。この問題は、獲得か学習かの議論と関係している。もしそれが学習によるのだとしたら、幼児は親が話しているのを聞いて覚えていることになる。そうだとすれば3歳児が話をするのは無理と考えられる。親がすべての言葉を網羅して言っているわけではないし、あまり使っていない文法もあるだろう。計算機に文法を教えるときは、正しい例と間違った例の両方を教えなくてはならない。ところが、はっきりした文法を与えてないのに、幼児は文法を自分で発見して2歳ごろには文の形をした言葉を話すように見える。

これは、第31話で述べたように、母国語の言語獲得は、もともと文法中枢が脳にあると考えるしか説明がつかない。幼児は母国語が話されている環境で、文法中枢を含む言語中枢を使いながら言語を獲得していくものと思われる。

■人類最初の言語

言語の獲得が生まれつきのものだとすれば、最初の言語はどのようにして生まれたのだろうか？　これには、言語学者、考古学者、心理学者、人類学者がいろいろな説を展開している。ここでは、最初の言語は現世人類が世界に拡散する前、10万年～8万年ほど前に出現したという説を紹介する。そのころ、ヒトは集団生活と集団防衛により天敵から逃れてきた。そのため、それまで以上の密度で生活する必要が生じた。ヒトはそのような環境で他者の心の状態を斟酌することで社会の中で適応する。このしくみは、協調性の高い形質を選択し、同時に、自己の心の中に他者の心のモデルを持つという心の埋め込み構造の理解を促進したと考えられる。これが思考を助けて、言語への前適応となった可能性が考えられている。

まとめ　乳幼児期の発話と言語理解は生まれつきの能力と言われる。生後11か月ごろには単語が発音でき、6歳くらいまでに毎日新しい単語を覚えながら複雑な文法も身につける。幼児の脳の不思議を支えるメカニズムは、神経細胞の成長・増殖と神経回路の再編成である。人類最初の言語は集団生活の環境で他者の心を理解する必要から生まれた可能性がある。

第34話 バイリンガルの獲得は？

日本人は英語が下手と言われる。英語にはカタカナで表記できない音声が多くあるのもその一因である。一方で、多言語の環境で育った人が容易に第2外国語を話せることも事実である。バイリンガルの脳と一般人の脳とは何が違うのだろうか。

乳幼児は3歳ごろまでに、集中的に脳内に神経細胞のネットワークを増加させる。この時期を「臨界期」または「感受性期」という。これは、周囲の環境から多くの情報を受け取るためであるが、神経回路のシナプスは生後8か月ごろから減りはじめ、11歳ごろには最大時の60％程度に落ち着くという。

子どもの脳が母国語の音を覚えやすくなるのが、母音に関しては生後6か月、子音に関しては9か月ごろからである。敏感期は2～3か月しか続かないが、第2言語に触れるとさらに長くなるようである。子どもは7歳までは第2言語を覚えて流暢に話せるようになる。

■日本人の音声感覚

日本人は「l」と「r」の聞き分けが苦手だと言われるが、生後6～8か月の間は自然と聞き分けができているようで、「l」の音を聞かせているときに「r」の音に切り替えると脳波が変化を見せるという。日本人、米国人、台湾人の幼児に「la」と「ra」の音の違いを聞き取るテストを実施したところ、月齢が6～8か月の幼児では音素《おんそ》の認識率がいずれの幼児も62～65％とほぼ同じであったが、月齢が10～12か月になると、日本人は音素の認識率が60％に低下し、米国人は74％に増加、台湾人も68％に増加した。外国語を習うには適した時期があると考えられる。

■幼児教育における臨界期

脳の発達の臨界期に必要な刺激を与えると、脳の発達を促し、社会や環境に適応する能力を育てることになる。これが、幼児教育の目的である。臨界期は、その機能によって時期が異なり、外国語の習得は10歳ごろまで、絵画や楽器などの芸術体験は5～10歳ごろまでと言われている。これは、脳の神経細胞のネットワークの成熟時期は、脳の領域ごとに異なるためと考えられる。

■バイリンガルと普通の人の脳の違い

乳児のときからバイリンガルになった人と普通の人とでは、脳の働きが違うのだろうか。母国語と英語を話すバイリンガルの日本人とドイツ人に2種類の言語で質問し、脳の活動状況をfMRIで調べた実験がある。その結果、大脳基底核の尾状核の左側が活性化していることがわかった。尾状核は、学習、記憶、言葉の理解に関わる部位で、2つの言語を使い分けるスイッチの役目をしていると考えられる。

また、カナダのケベック州（フランス語を公用語とする）に育ったフランス語と英語のネイティブバイリンガルの研究では、失語を発症した場合に、母国語と第2言語に同じように障害が出ることがわかった。バイリンガルの人たちは、両方の言語を脳の同じ領域で処理している可能性がある。

■第2言語の言語中枢

第2言語の取得にも文法中枢を含む言語中枢が働いていることが確認されている。初めて第2言語を学ぶ中学生と英語を6年間学習してきた大学生で脳の文法中枢の活動を比較した実験がある。その脳領域の活動は大学生より中学生のほうが活発で、大学生の中では高成績群より低成績群のほうが活発だった。文法中枢の活動は、第2言語習得の初期には活発に働き、熟達度が上がるにつれて働きが下がると考えられる。

■バイリンガルのメリット

脳画像研究によると、バイリンガルの人がある言語で話しているとき、前帯状皮質《ぜんたいじょうひしつ》（ACC）はほかの言語の単語や文法を使いたいという衝動を抑え続けている。それだけでなく、彼らの心は常に、いつ、どのようにターゲット言語を使うかを判断している。つまり「効率よく脳を使うこと」を1日中無意識に行っている。その結果、脳の使い方において、問題解決力や集中力が優れているというメリットがある。また2つの言語を使い分けられることで、気分をかえる、色々な角度から物事を見られる、考え方を上手に切り替えることができるなどメリットがある。

まとめ　乳幼児が母国語の音を覚えやすくなるのが、母音で生後6か月、子音で9か月ごろからである。敏感期は3か月程しか続かないが、第2言語に触れると長くなる。子どもは環境によって7歳までは第2言語を話せるようになる。脳の発達の臨界期に必要な刺激を与えることが重要である。バイリンガルは効率よく脳を使うことを1日中無意識に行っている。

コラム4　言語の起源

言語の起源に関して、実証的な根拠を示すことが非常に困難なことから、その時期を含めまだ多くはなぞの中にある。連続性理論は、言語は複雑なので何もないところから急に完全な形で言語が現れるはずはないという考えに基づいている。不連続性理論は、言語はほかに類のない特徴なのでヒト以外の動物の特徴と比較できず、人間の進化の過程で全く突然に表れたと考える。

ノーム・チョムスキーは卓越した言語学者で、不連続性理論を唱えている。10～8万年前のアフリカで言語機能が、瞬間的に、ほぼ完全な形で出現するような進化の突然変異がホモ・サピエンスの一個体に起こったと主張している。一個体における偶発的な遺伝的変化によって生物学的変化も起こり、そうした変化が交配可能な集団内で広がったとしている。

連続性に基づく理論は大多数の学者が唱えているが、発展をどのように把握するかに関しては諸説ある。言語を先天的なものだとみなす人々の中には、ヒト以外の霊長類の中で先駆者を特定することを考えず、単に言語機能は通常の漸進的な方法で発展したと強調する者もいる。言語は霊長類のコミュニケーションからではなく、それより著しく複雑である霊長類の認知能力から発達してきたと述べる者もいる。言語を社会的に習得されるコミュニケーションの道具とみなす人々は、言語は音声ではなくジェスチャーによる霊長類のコミュニケーションの認知的に制御された側面から発展してきたとみなす。音声的な面での言語の先駆者を考える際には、連続性理論をとる人々の多くは言語が初期の人の歌う能力から発展してきたと想像する。

言語の発生を何らかの社会的変化の結果とみなす人々は連続性か非連続性かという対立を超えた立場に立つ。社会的変化とは先例のないレベルでの公共的信託が生まれることによってそれまで休眠状態に置かれていた言語的創造をなす遺伝的能力を開放するものである。儀式・発話の共進化理論はこのアプローチの一例である。こういったグループに属する学者は、チンパンジーやボノボでも、野生状態ではほぼ使わないとはいえ、記号を使う能力を潜在的に有しているという事実を指摘する。

第5章　学習と脳

学習とは、記憶や行動を獲得して発達させることである。本章では、学習における脳の働き、感覚と運動で作られる学習、考え直すことを学習する認知脳、他人の視点を学習する社会脳の役割について述べる。さらに、学習には臨界期があるものがあり、10代の脳の特徴、効果的な学習方法および創造的な学習についても述べる。

第35話 学習における脳の働きは？

学習とは、記憶や行動を獲得して発達させることである。この獲得や発達をうまく行う技術も学習できるものである。

学習の研究は、以前は教育学や心理学でなされてきた。1990年代以降になると、学習時における脳の局所の酸素消費や血液循環から脳の働きを可視化して調べる技術が生まれた。それにより、ヒトでの学習のメカニズムがわかってきた。

■学習における4つの要素

学習に関わる脳の機能としては4つの要素があると言われている。それは、身体脳（学習脳1）、記憶脳（学習脳2）、認知脳（学習脳3）、社会脳（学習脳4）である。4つの要素は、それぞれ脳の中でネットワークを作りながらお互いに作用して大きなネットワークを作っている。

■身体脳（学習脳1）

身体脳は、感覚運動ネットワークが主体で、外界と感覚と運動により相互作用する経験からの学びに関する領域である。感覚運動ネットワークは、感覚と運動に関わる脳の領域を含むネットワークである。感覚については、視覚、聴覚、味覚、嗅覚、体性感覚に関わる領域、運動については、運動野、運動前野、補足運動野、帯状皮質運動野などが含まれる。感覚には外界からのものだけでなく、自分の身体からの情報を受け取ることも含まれる。このような内的な感覚は、身体反応を介した気づきや情動認知に何らかの違和感を感じる気づきネットワークが関与している。外界からの外学習は新しい事態への気づきで始まるので、気づきネットワークは身体的な学習以外のすべての学習に関わる。

■記憶脳（学習脳2）

記憶脳は、短期的な経験を長期的な記憶として大脳皮質に留める働きをする部位で、主に皮質下ネットワークが関わる。皮質下ネットワークは、脳の内側の海馬、基底核、扁桃体、小脳などが大脳皮質と密接に関わりながら形成するネットワークで、記憶の形成、固定、維持、修飾、消去など記憶の操作に関わる。海馬、基底核、扁桃体、小脳はそれぞれ異なるタイプの長期記憶に関わる。記憶される内容は、行動、思考、情動など多岐に及ぶ。それらの記憶は大脳皮質のそれぞれ異なる領域にあるが、皮質下ネットワークは大脳皮質に分散的にある記憶の形成、固定、維持、装飾、消去などに関わる。

記憶する脳のしくみは常に働いているが、何でも記憶するわけではない。脳は自分の周辺で起こる現象をモニタリングしているが、その中に予想外なことがあると、その内容に応じて学びを始める。予想外の良いことがあると、それに関連する事象や行動を強く記憶し、それを選択するようになる。危険な事態がわかると、それを回避するように学びが進む。

■**認知脳（学習脳3）**

認知脳は、目的達成のためにさまざまな状況を分析する高次の精神機能を学習する部位で、執行系ネットワークが関わる。執行系ネットワークで認知機能全般に関わる。執行系ネットワークは、前頭前野と頭頂連合野の外側を含むネットワークで認知機能全般に関わる。言語の理解や表現の処理、情動処理、抽象的な概念の生成や目的達成のための行動の計画にも関わる。

執行系ネットワークは、外界への注意に関わり、内的な注意に関わる基本系ネットワークとシーソーのように切り替わりながら、どちらか一方が働く関係になっている。執行系ネットワークは外界や概念化した対象に向かい、基本系ネットワークは自己や他者の心の内面に向かう。基本系ネットワークは、主に前頭前野と頭頂連合野の内側と頭頂連合野下部の外側を含む領域のネットワークで、ぼんやりしているときに主に活動している。執行系ネットワークと基本系ネットワークは度々揺らぐので、集中して物事に取り組むときは、意識的に休憩時間を取ってぼんやりする時間を持つことが有効である。

■**社会脳（学習脳4）**

社会脳は、自己や他者という対人関係を介した相手の理解、いわゆる社会的認知を学習する脳である。基本系ネットワークが主に関わるが、さらに複数のネットワークが関わっている。感覚運動ネットワークによる感覚運動を介して、相手の身体に起きたことを自分の身体の運動や知覚に立場に置き換えて理解する他者理解、気づきネットワークを介した身体の情動反応、特に痛みなどの不快な反応を、自分の身体の痛みのように感じて理解する他者理解も関係している。

まとめ　学習は記憶や行動を獲得し発達させることである。学習に関わる脳の機能には身体脳、記憶脳、認知脳、社会脳の４つがある。身体脳は外界と感覚と運動による相互作用からの学びの領域である。記憶脳は短期的経験を長期的な記憶にする部位である。認知脳は目的達成のため高次の精神機能を学習する部位である。社会脳は社会的認知を学習する脳である。

第36話 乳幼児期の学習とは?

人の脳は生まれたときに、全くの白紙状態から学習するのではない。感覚を伝えてその処理を行う神経ネットワークや、運動に関する神経ネットワークのしくみは、ある程度準備されて生まれてくる。赤ちゃんと母親とのやりとりを見ると、感覚や運動のレベルですでに社会性を備えているように見える。そして、初期の感覚や運動の経験によって、環境中の多数の可能性の中から、最も頻繁に経験した内容に合わせて脳の回路が変化する。その結果、感覚系、特に聴覚の音の弁別機能などは、その人の属する言語に特徴的な音を理解できるようになっていく。

■母子による無表情実験

人は生まれながらにして周囲に関心を持ち、感覚と運動により対象と直接関わりながら、そこから学ぼうとする。**図38**はある研究者が行った1歳ごろの乳児に行った無表情実験である。(a)では、母親が指さしをして注意を誘導したり、表情を変化させると、それに応じて乳児も反応する。しばらくして、(b)では、母親が急に無表情になると、乳児は一瞬表情をこわばらせ、母親の注意を引こうと指さしたり笑いかけたりする。(c)では、それでも母親が無表情でいると、ついに泣き出してしまう。この一連の様子を見ると、2人は無言ではあるが、表情、視線、手の動きなど全身の感覚と運動を使って、言葉にならない対話をしている。これが単なる反射的な運動でないことは、母親が無表情になった後の乳児のびっくりした様子やその後の活発に母親に働きかける様子からわかる。

■乳児のコミュニケーションを支える脳のしくみ

こうした母子のやりとりから、非言語的なレベルではあるが、乳児の脳にはコミュニケーション能力を支えるしくみがあることがわかる。自発的に開始される運動には補足運動野が、関心対象への指さしや視線の移動には運動前野と前頭眼野が、さらに相手の動きを模倣する行動には、頭頂葉から運動前野にかけての働きが関わっている。

運動前野には、ミラーニューロンという神経細胞があることが知られている。座っているサルの目の前で、実験者がレーズンをつまむとサルのミラーニューロンが活動する。今度は実験者がトレーにレーズンをのせてサルに差し出すと、サルは実験者と同じようにレーズンをつまんで食べる。そのとき、先ほどのミラーニューロンが再び活動する。この神経細胞は、自分が行動しても、他者の動作を観察しても同じように活動する。

さらに、相手の無表情に対して不満や情動的な反応として起こる行動には、帯状皮質運動野が関わり、その解決のための行動を誘発する。泣くなど相手からの注意を得るための行動である。

■乳幼児の言葉と社会性の獲得

乳児は初め言葉がない。その時期は言葉を周りから取り入れて学んでいく過程である。その後、言葉をぽつぽつ話しだし、あとは話す言葉がどんどん増えていく。子どもは社会性もこの時期に学習していく。乳児は他人の視線を理解するが、それが共同注意という形で、他人の視線を気にして同じものに対して関心を持つようになる。こういう過程から他人の心を理解して、やがて人の心を読むことができるようになる。

■学習の原型としての遊び

乳幼児期の学習は、一人での遊びやこども同士での遊びの中にある。遊びは自発的な行為で、何らかの規則に従うことが多い。鬼ごっこやままごと遊びなど、想像にまかせていろいろな役になって演技する。遊びが学習になるのは、子どもが自発的に選んだ遊びを繰り返し、しだいに遊びに集中して充実感や達成感を感じるようになったときである。遊びは創造性の原型というべき活動であり、楽しみながら試行錯誤する。

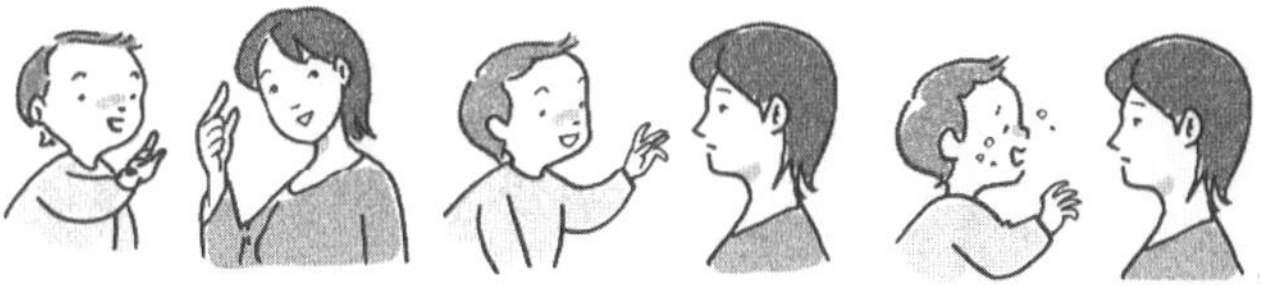
(a)　(b)　(c)

図 38　母子による無表情実験

まとめ　人の脳は出生時に感覚や運動に関する神経回路をある程度備えている。乳児の自発的な運動には補足運動野、指さしや視線の移動には運動前野と前頭眼野が、模倣の行動には頭頂葉から運動前野が関わっている。乳幼児期の学習は一人での遊びやこども同士での遊びの中にある。遊びは創造性の原型というべき活動であり、楽しみながら試行錯誤する。

第37話 考え直すことを学習する認知脳の役割は？

記憶脳での学習の結果として得られる一群の自動的、習慣的な行動は、適切なきっかけがあれば想起・再生される。日常の多くの事柄への判断や行動は、この記憶のしくみで十分なことも多い。しかし、習慣的な行動や判断は、感覚入力と行動出力の関係が決まった比較的固定的な反応である。その結果、場合によっては最適な行動を選択できないことが起こりうる。これを避けるためには、記憶脳による直感的な判断に対して、判断の選択肢をより広い文脈の中で捉えなおし、より柔軟性のある望ましい判断のため認知脳が働くこととなる。日常生活では、多くの情報に囲まれているが、より合理的に判断するためには、何に気づき注意するかがポイントとなる。

■認知脳が働く部位

認知脳が働くのは、前頭前野であるが、これが眼窩、外側、内側の3つに分けられる。「眼窩前頭前野」は、さまざまな情報に基づいて、対象、行動の損得を、短期的な利得より長期的な利得によって判断する働きに関わっている。この部位は、衝動的な行動を一時的に抑制し、より良い判断のための時間稼ぎをしている。その結果、感情的な因子による認知バイアスを避け、長期的かつ合理的な行動を選択する働きをしている。ここで、認知バイアスとは、記憶脳による自動的な判断が誤る傾向があることを示す。記憶脳は、報酬接近と危険回避が基本原理だが、注意の向け方によっては合理的でない判断を示す可能性がある。

「外側前頭前野」は、さまざまなルールを記憶しており、行動の目標に応じて作業記憶を使って複数の行動計画を検討し、先読みを行い、今後の行動の決定に関わる。左半球には言語野があり、言語や数学を用いた分析的思考に関わる。右半球は、空間化、具象化した思考が得意である。このように、外側前頭前野は、数量的処理、論理的な推論など科学に必須な思考を生み出す部位である。

「内側前頭前野」は、頭頂連合野と一緒になって基本系ネットワークを形成する。このネットワークは海馬との関係も深く、過去のさまざまな出来事記憶の断片から一連の物語として回想したり、将来の展望記憶などを形成することにも関わっている。さらに、ある出来事の集まりを一連の物語として捉えて語る、いわゆるナラティブ機能にも関わっている。この思考は、論理的な面より、むしろ逸脱したり、例外的なものに重要性を見出し、理解しようとする認知過程である。このような発散的思考では、断片的な知識から、そこにない情報を付け加えて新しい物語を形成する。

■外的注意と内的注意

注意は向ける方向によって、外界に向かう外的注意と、記憶など内側に向かう内的注意とがある。外的注意に関した課題では、執行系ネットワークが主に活動する。多くの注意対象から関心によって選び出して注意を向けるので、マインド・フォーカシングと呼ぶ。

一方、自分の過去の記憶を探索したり、自由に思考するのは内的な注意による。これはマインド・ワンダリングと呼ばれ、基本系ネットワークが活動する。

外的な注意に関わる執行系ネットワークと内的な注意に関わる基本系ネットワークはシーソーのように対立的に働く。例えば、課題が難しく、自分の能力に対して挑戦的な課題では、注意を集中させて、執行系ネットワークが強く活動している。簡単に解ける課題では、作業が片手間にでき、頭の中では、課題に関係ないことを自由に想像するので、マインド・ワンダリングの状態になる。そのような状態では、執行系ネットワークの活動が低下して基本系ネットワークが活動する。

■マルチタスク

複数の対象に同時に注意を向ける分割的注意がある。分割的注意はマルチタスクと呼ばれる状態で、忙しい現代ではよくある現象である。歩きながらスマホを操作したり、メールをチェックしながら食事をする人もいる。マルチタスクの状態の脳は、それぞれの課題の間を早く切り替えているだけなので、あまり効率の良いやり方ではない。注意に盲点が生じたり、切り替わった際に再度課題に対応する準備ができていなかったりして、パフォーマンスが低下しやすい。

まとめ　記憶脳による習慣的な判断で十分なことも多いが、最適な行動を選べないこともある。これを避けるため、何に気づくかがポイントとなる。認知脳は前頭前野の中の眼窩、外側、内側の3つで働く。眼窩前頭前野は行動の損得を長期的な利得によって判断する。外側前頭前野は行動の複数の行動計画の検討と決定に関わる。内側前頭前野は将来の展望の形成に関わる。

第38話 他人の視点を学習する社会脳の役割は?

実社会では協働によって問題を解決することが多い。例えば何かの製品を開発する場合では、材料に詳しい人、製造現場に詳しい人、機器の使い方に詳しい人、デザインに詳しい人、消費者ニーズに詳しい人などが協力しなければ良いものが作れない。多くの人の協働作業が欠かせない。その場合には、各個人の能力だけでなく、互いを理解する共感性、他者の視点を利用した新たな学習が求められる。協働作業の際、他者を理解するときに大切なのは、人は皆感じ方が違うということである。他者の視点で考えることを推し進めると、他人の性格や感じ方の特性を考慮したうえで、他者の視点でその人が感じたものを理解できるかということになる。

ノーベル経済学賞を受賞したカーネマンとトヴェルスキーは共同研究で、1日数時間議論したという。トヴェルスキーは論理的で理論を重んじる傾向があり、カーネマンは直感的で知覚心理学の経験を重んじる傾向があった。二人の研究姿勢の違いが相乗効果をもたらした。

アメリカがイラク戦争を行った際には、イラクに大量兵器があるかどうかの情報分析が不確定なまま開戦への意思が進んでいった。当時の意思決定に関わった関係者は、団結力はあるが閉鎖的な集団であった。リーダーの意図をくみ取りながら、都合の良い情報だけを集めてほかの意見を無視する傾向があった。このような集団思考の過ちは身近にもいろいろある。

■共感性に関する3つの要素

他者への共感性には、感覚運動性、情動的、認知的の3つの要素がある。

「感覚運動性共感」は、動作や表情の模倣、ミラーリングなどによって、他者の意図や情動を理解する共感性である。ミラーリングとは、他の個体の行動を見て、まるで自身が同じ行動をとっているかのように「鏡」のような反応をすることを指す。ミラーリングのシステムは感覚運動ネットワークの特に運動前野と頭頂連合野にある。

「情動的共感」は、例えば、他者の身体に向けられた痛みや刺激などを、映像として見ただけで自分の身体の痛みとして感じるような共感性である。情動的共感は自分のグループのほかのメンバーに対して強く感じ、関係が遠くなるにしたがって共感の度合いが弱まる。情動的共感には、気づきネットワークの前帯状皮質、島皮質などが関係している。この場所は、信頼性の形成に関わるとされ、オキシトシンが作用する場所でもある。ストレス時における社会的な支援者と被支援者にはともにオキシトシンが分泌され、ストレスに対する抵抗力を発揮する。

「認知的共感」は、他者がどう考えているかを理解する共感性である。認知的共感には、基本系ネットワークとして知られる前頭前野内側前方、頭頂連合野内側部が主に関わっている。この共感性は、個々の人が独自の信念を持っている前提で、人々の心の中身の多様性を理解する能力である。共感性は相互理解のためにとても大切な働きである。しかし、情に流された共感は必ずしも良い結果をもたらさない。共感性は、自分の属するグループには強く、ほかのグループには弱く働き、場合によっては敵対することもある。協同作業など広がりを持った他者との活動では、グループに属さない周りの人にも配慮することが求められる。

■他者の視点で考える力

認知的共感は、自分が他者を理解するだけでなく、他者の視点で事柄を理解することでもある。人には基本的に自己の視点から見つめる自己中心性があり、他者の視点で考えることは明示的に言われないと気が付かないことが多い。他者の視点と自己の視点とを切り替える課題のゲームをすると、青年期の前と後では反応時間に差があり、若い人ほど他者の視点への切り替えに時間がかかっている。このことは、他者への視点で理解する社会性の能力は発達する時期が遅く、青年期以降に起こるものと考えられる。

他者の視点で理解することには、基本系ネットワークが関わることが知られている。頭頂連合野下部は、刺激されると身体の位置を異なる視点で感じるなど、体外遊離のような経験が知られており、外に視点を持って捉えることに関わる。他者の視点を評価するとき、自分の気持ちに従って自己中心的な判断をしがちであるが、右半球では自己中心的な判断を克服して、他者への共感性をより重視して判断を下そうとする。

まとめ　共感性には感覚運動性、情動的、認知的の3つの要素がある。感覚運動性共感は動作や表情の模倣などで他者の意図や情動を理解する。情動的共感は他者の身体の痛みを見ただけで自分の身体の痛みとして感じる。認知的共感は他者がどう考えているかを理解する共感性である。他者の視点で理解する脳の部位として頭頂連合野下部が知られている。

第39話　学習の臨界期とは？

ヒトはみな未熟な状態で生まれてくる。動物が生後間もなく立ち上がり、歩き出すのに比べて大きく違う。それだけに、ヒトにとって生まれてから成人するまでの学習が非常に大きな意味を持つ。少年期には、「脳内ネットワーク」が劇的に変化することがわかっている。これを臨界期という。

臨界期があることは、言語の習得、絶対音感の獲得、楽器の演奏、スポーツ技術の習得などが体験的に言われているが、その脳科学的な説明がどのようになされるのであろうか。

■臨界期の脳

脳には神経回路の接続が集中的に発達する臨界期がある。ある回路については数か月、別の回路については数年続く。多くは乳幼児のころに生ずるが、10代になって始まる臨界期もある。これまでに、視覚と聴覚、言語の獲得、さまざまな形態の社会的相互作用に関する臨界期が特定されている。臨界期の間、子どもの脳は外界からの刺激によって変化する。光と音が合図となって脳の分子機械が働き、脳細胞の間を結ぶリンクが敷設され、重要なリンクが厳選されていく。その結果が成人期から老年期まで残る。

例えば、視覚の臨界期は乳幼児に始まって8歳までに終わるが、臨界期が早すぎたり遅すぎたりすると、重大な結果を招くことがある。その期間に脳細胞が適切につながらないために、失明が起こることもある。臨界期に起こっていることを解明することによって、人為的に臨界期を起こさせ、弱視や精神疾患などを治療する試みも始まっている。

■シナプス可塑性

脳は時期を問わず常に変化している。新たな技能を習得すると、神経細胞に生化学的な変化が起こり、シナプス間の伝達が強まるか弱まるかする。これをシナプス可塑性と呼び、生涯を通して続く。人は何歳になっても新たなことを学習可能である。これに対し、幼児期から少年期にかけての臨界期には、極めて重大な変化が起こる。乳幼児期の脳はシナプスが多すぎてうまく機能しないので、不要なものを刈り込む。

■乳幼児期の脳

年齢に応じたシナプス可塑性の変化の概念図を**図39**に示す。シナプス可塑性は乳幼児期には小さく、臨界期（少年期）に急に大きくなり、成人期には緩やかに減少する。乳幼児期の脳はシナプスがやたらに興奮して収拾がつかない状態にある。ＧＡＢＡという神経伝達物質は、神経細胞の興奮を鎮める働きをする。パルブアルブミン陽性大型バスケット細胞はＧＡＢＡを作り出す神経細胞として知られているが、臨界期の開始のタイミングに関わっていると考えられている。ＧＡＢＡは混沌とした子どもの脳に秩序を生み出している。パルブアルブミン陽性大型バスケット細胞は、軸索という長い腕を伸ばし、これを近くの興奮性神経細胞に巻き付けて覆うことによって興奮性神経細胞を鎮静化する。

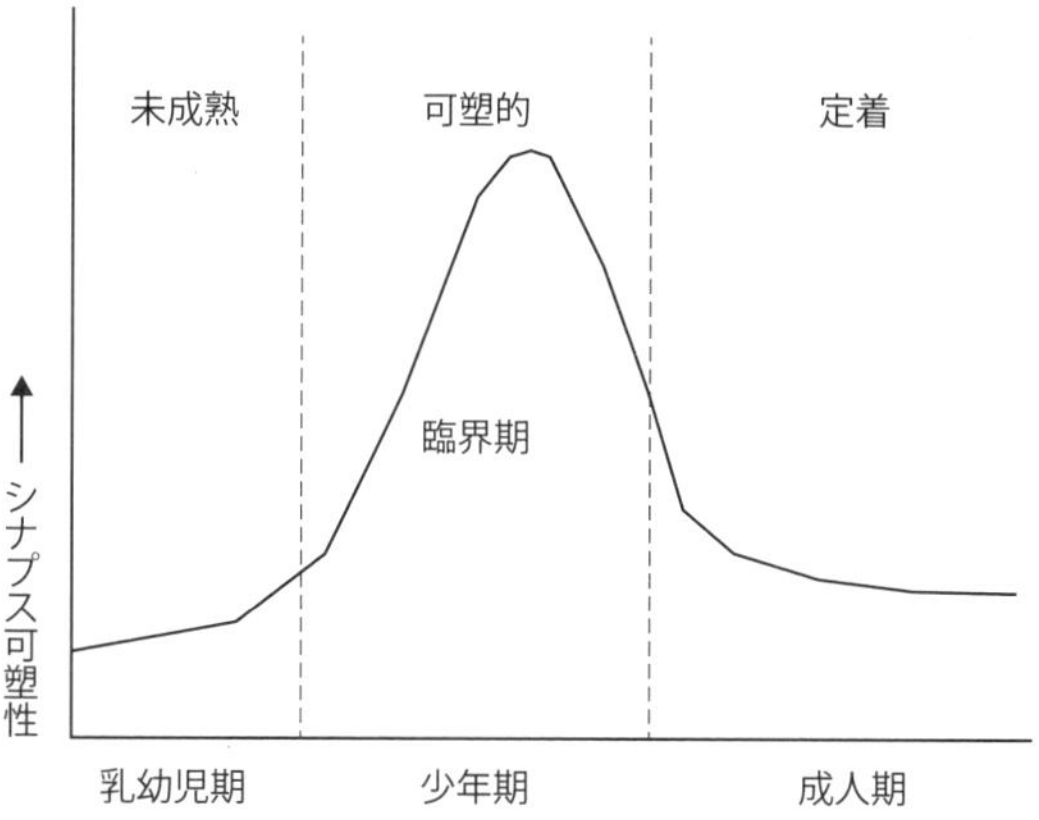

図39　年齢に応じたシナプス可塑性の変化

■少年期の脳

臨界期に入ると、神経伝達物質のＧＡＢＡが脳の可塑性を調節し、同時に興奮するシナプスだけが生き残り、興奮しないものは抑制され、最終的に刈り取られる。臨界期が終了すると、シナプスを刈り取る能力は低下する。

■成人期の脳

成人期には、シナプス間の強い結合は安定化し、弱い結合は刈り取られる。成人期の脳は定着する時期であるが、ある程度の可塑性は残っているので、何かを学べば学習効果はある。

まとめ　ヒトは未熟な状態で生まれるので、学習が重要である。少年期に言語の習得、絶対音感の獲得、楽器の演奏、スポーツ技術の習得がなされる。それは臨界期にシナプス可塑性が大きくなることで達成される。臨界期に神経伝達物質のＧＡＢＡが脳の可塑性を調節し、同時に興奮するシナプスだけが生き残り、興奮しないものは抑制されて刈り取られる。

第40話 10代の脳の成長は？

10代の若者が危険なあるいは攻撃的な行動をとったり、不可解な行動をとったりするとき、脳にどんなことが起こっているのだろうか？　10代の脳は、脳領域間のネットワークを変更して、環境に応じて変化している。この脳の「可塑性」は、両刃の刃である。可塑性のおかげで、10代の若者は思考および社会性の両面で大きく成長できるが、一方で危険な行動に走ったり、深刻な精神障害を発症しやすい。こうした危険な行動は、大脳辺縁系と前頭前野の成熟時期のずれに起因している。大脳辺縁系は感情をつかさどる領域で、思春期に急速に発達する。一方、健全な判断と衝動の制御を促す前頭前野は、大脳辺縁系よりも遅れて成熟する。このミスマッチのために、10代の若者は環境に素早く適応できるが、一方危険な行動に走りがちである。さらに、世界的に思春期の開始が早まる傾向にあり、ミスマッチの期間が長期化している。

■10代の若者の特徴

10代の若者が危険を冒したり、刺激を求めたり、親に背を向け仲間と交わるなどの行動は、認知や感情に問題がある兆候ではない。これらの行動は脳の発達の自然な結果であり、複雑な社会をうまく生き抜いていく方法を学習中の若者にとっては正常な行動である。このことを理解していれば、大人がいつ介入すべきかの判断にも役立つ。異常に見える行動でも、それが年齢相応なものなのか、うつ病や統合失調症などの精神疾患の兆候なのかを区別しやすくなる。

■10代の若者の脳の成長

青年期の脳はサイズが大きくなって成長するのではなく、異なる領域同士がより多く接続し、各領域がより専門化することによって成熟する。脳領域間の接続の増加は、MRI画像での白質の増加として観測される。白質が白く見えるのは、ミエリンと呼ばれる脂質のためである。ミエリンは神経細胞からから伸びる軸索を覆って絶縁する。ミエリンの形成は児童期から成人期にかけて、神経細胞間の伝達速度を著しく高める。ミエリン化された軸索は、されてないものより100倍速く信号を伝える。

ミエリン化によって脳の情報処理速度も向上する。軸索が信号伝達後に素早く回復するので、次の信号を受け取る準備が整うからである。それによって、特定の神経細胞が情報を伝達できる頻度が最高で30倍になる。伝達速度の向上と組み合わせると、成人の脳の情報処理速度は乳児に比べて3000倍にもなり、脳領域間の複雑なネットワーク通信が可能になる。

このような接続の強化は学習の基礎となっている。ある神経細胞に近くや遠くにある神経細胞からの入力が同時に入力した場合、この伝達は絶妙にタイミングが計られたためで、ミエリンがこのタイミングの微調整に関わっていることが明らかになっている。10代にはミエリンが急増し、さまざまな認知タスクの最中に脳の異なる領域の活動が統合され、調整されるようになる。

■脳の領域の成熟の順序

10代の若者の脳では、白質化だけでなく別の変化も起こる。この時期では、使われていないか不適切な脳細胞の接続は刈り込まれ、頻繁に使われる接続は強化される。こうした刈り込みと強化は生涯を通して行われるが、青年期には刈り込みに偏っている。使われていない神経細胞間の接続が除去され、灰白質が減ると、脳の専門化が起こる。灰白質は主として神経細胞と樹状突起など、ミエリンに包まれていない構造からなる。一般に、灰白質は、児童期に増加して10歳ごろに最大になり、青年期に減少して、成人期には横ばいで、老年期にはやや減少する。

灰白質の量は思春期に最大になるが、脳の領域別にみると、それぞれの時期が異なる。一次感覚運動野（光、音、匂い、味、感触を感じて反応する領域）の灰白質が最も早く最大になる。最も遅く最大になるのは、実行機能（意思決定、計画、感情の制御など）に不可欠な前頭前野の灰白質である。前頭前野は、頭の中で今後起こりうることをシミュレーションしたり、社会的認知（友達と敵を見分けたり、異性をひきつけたりする能力）にも関係して重要な働きをする。前頭前野の発達は、20代初期まで続く。

まとめ　10代の脳は脳領域間の回路を変更して環境に応じて変化している。この脳の可塑性のおかげで若者は思考および社会性で成長できるが、危険な行動や精神障害を発症しやすい。これは大脳辺縁系と前頭前野の成熟時期のずれに起因する。大脳辺縁系は感情をつかさどる領域で思春期に発達する。健全な判断と衝動の制御を促す前頭前野は遅れて成熟する。

第41話 効果的な学習方法とは？

私たちが学習によって得られた記憶は海馬によって、短期記憶になった後、必要なものは長期記憶となる。脳の記憶容量は限られているため、すべて記憶するのではなく、重要なものだけに限られる。海馬の判定基準は生存に必要なものだけが記憶に残る。これは、動物としてヒトが生きていくために必要な選択であった。したがって、脳は生存に必要なもの以外は忘れることを基本としている。大学に入学できないと生きていくのに困るから脳のシステムを変えて欲しいと願っても、祖先の何百万年もの生きざまを受け継いでいる脳は受け付けてくれない。

■忘却曲線と復習の意味

人間は忘れる存在だとしたら、どのように学習したら良いのだろうか。**図40**は心理学者のエピングハウスの忘却曲線として知られているグラフである。意味のない文字の羅列を覚えたとして、記憶の定着率がどのように変化したかを表したものである。この図によれば、4時間後には50％を忘れ、2日後には、80％近く忘れることになる。この忘却曲線には個人差がほとんどないという。

2本の破線で示した曲線は、1回および2回復習した場合の忘却曲線である。復習した場合は、忘れることが遅くなり、記憶の定着率がかなり向上している。これは、記憶を繰り返すことによって、脳にこの情報は重要なんだぞと訴える効果があるものと考えられる。暗記を繰り返すことにより記憶力が向上する理由は、初めに覚えた内容は思い出せなくなっているが、脳から消えたわけではないからである。学習を繰り返すと、脳にある無意識の痕跡が記憶の想起を助けているのである。

■忘れにくくする方法

歴史的事実や英単語などどうしても覚えなくてはならないことがある。そういう場合でも、「いいくにつくろう鎌倉幕府（1192年）」など連想を利用して、脳に印象を与える。英単語を書いたり、声に出して読んだりして覚えることも有効である。この場合は、視覚野、聴覚野、運動野、言語野など脳のいろいろな部位が活動するので、脳にとっては印象に残る要因となる。

私たちの学習は、より論理的な理解力が問われる。丸暗記型の勉強をしていると、理解ができないことが多く、教科書を通読してもなかなか身につかない。むしろ意味を考え、全体像を理解しようという姿勢が必要である。全体像を理解しにくかったら、参考書の要点を読むとよい。そして、問題集を解いてみることである。解けない問題があったら、教科書のどこを理解していなかったかがわかる。問題を解くことで、長期記憶への保存が進む。

■睡眠と学習

よく試験前に一夜漬けの勉強をする人がいる。これは脳科学的にはあまり勧められる方法ではない。図40の忘却曲線では、4時間後には半分忘れることになるし、たとえ試験時に覚えていたとしても、1か月後にはほとんど忘れていて身につかない。

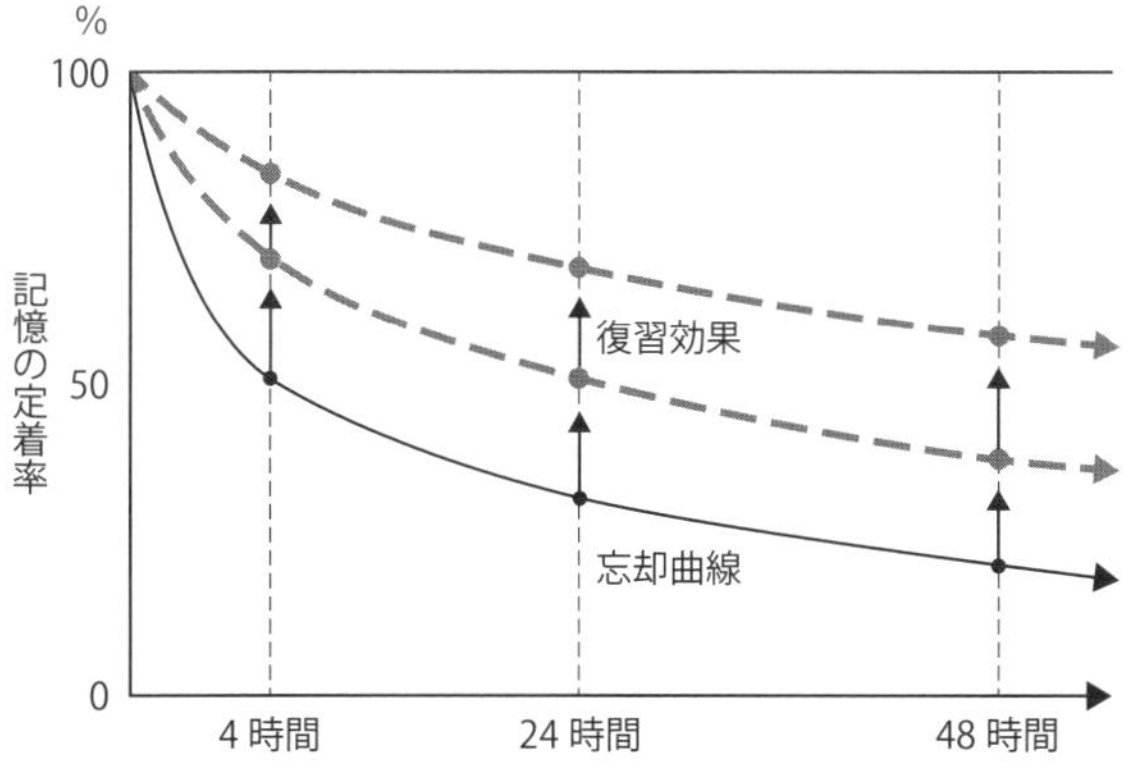

図40　忘却曲線と復習の効果

さらに、睡眠中に脳では記憶の定着がなされているという説がある。学習時には外界からの情報によって記憶が貯蔵される大脳皮質の関連部位に活性化が起こり、次いで海馬が活性化されて記憶が形成される。睡眠時には、海馬から活性化が起こり、大脳皮質に伝わり、記銘時の活性化と逆の順序で、大脳皮質の関連部位に活性化が起こる。その結果、記憶の定着が起こる。睡眠をとらないで学習をすると脳のこのような活動を妨げることになる。そういう意味では、最低でも4時間くらいは睡眠をとって、早朝に勉強するのが好ましい。

まとめ　学習によって得られた記憶は海馬で短期記憶になった後、必要なものは長期記憶となる。脳の記憶容量は限られているため重要なものだけに限られる。忘却曲線によれば4時間後に50%、2日後には、80%忘れる。覚えるためには連想を利用したり、全体の理解が有効である。睡眠中に脳では記憶の定着がなされるので、徹夜の学習は控えるべきである

第42話　創造的な学習とは？

創造性を発揮する人は、自分の中に多様性を持ち混乱している人、また周囲の混乱や、さまざまな問題を感じ取っている人と考えられている。そこに何らかの情動が加わり、その人を創造性へと駆り立てる。その結果、科学者なら発見へ、芸術家なら創作へ、起業家なら新しい企業戦略や新製品を生み出す。

ある脳科学者は、多くの事例を検討したが、創造性を発揮する定型的な型は見つからなかったという。普通の人でも創造性を発揮することがあり、どんなきっかけで創造性のある仕事に結びつくか予測がつかないという。

現代は、社会問題、自然災害、また家庭や職場での問題など、すべての人が問題や矛盾を抱えている。一人の人が複数のコミュニティに属していれば、課題は多面的で複雑さを増す。創造性はすべての人にとって、日常的なレベルから科学、技術、芸術に至るまで、必要なスキルである。

■創造性の5つの段階

創造性は、準備期、孵卵《ふらん》期、気づき、洞察期、検証期の5つの段階がある。「準備期」には、外界から問題や矛盾を課せられ、個人の内面に矛盾を何とかしたいと思う気持ちが起こる。「孵卵期」は、気づきにいたるまでの潜伏期間で、実態がわかりにくい。アイデアが浮かんでは壊しを繰り返す時期である。この時期の心は、楽しいばかりではなく不安定で、挫折しそうになることもある。あきらめないためには、強い情熱や達成への動機が必要である。「気づき」の時期は、何らかの手掛かりをつかんだ瞬間である。「洞察期」は、これまでのモヤモヤした過程が一気に意識化される時期である。「検証期」では、科学的な発見であれば論理で検証、芸術の分野では思いついたものを形にする時期である。しかし、検証の結果が思わしくなく、再び振り出しに戻ることもある。

■創造性に関わる脳の働き

脳内のネットワークは分散的で多くの機能単位に分かれているので、互いに関係性を持っていない情報が多く、これらは意識化されていない。創造性の発揮には、さまざまなことを派生的に想像する発散的な思考が求められ、そこから意識化されていない情報が取り出される。発散的な思考は基本系ネットワークが主として担っている。創造性の発揮にはそれだけでは不十分である。執行系ネットワークは新たな概念を創り出したり、目標までの道筋を計画したり、言語を使って推論することに長けている。これらは収束的な思考として意識化され表現される。創造性の発揮の際には、基本系ネットワークと執行系ネットワークの両方が協同して働くことがわかっている。**図41**は、創造的思考をしているときに働いている脳の部位を示している。創造的思考をしているときは、発散的な思考と収束的な思考の両方が働いていて、両者の連絡が密になっている。

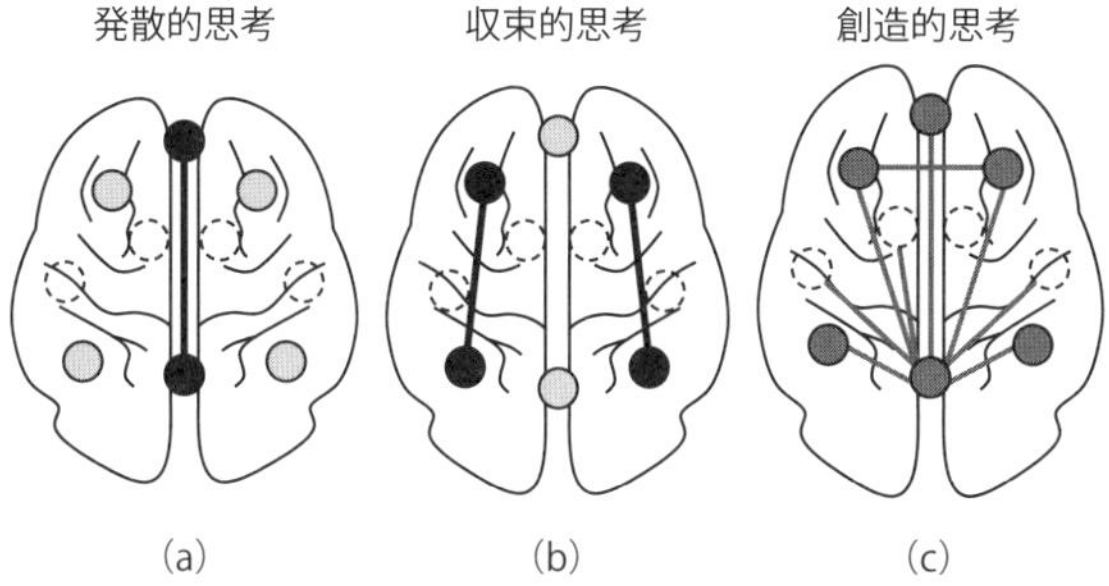

図41　創造的な思考の脳の部位

創造性にまつわる多くの逸話では、ぼんやりしているときにふと良いアイデアが浮かんだことが紹介されている。散歩をしているようなときは、執行系ネットワークは行動の制御にほとんど関わらずに、基本的ネットワークとシーソーのように切り替わっている。また脳は自己監視を行い気づきネットワークは、自分の状態を監視している。このようなときは、発散的な思考と収束的な思考の両方の過程が進みやすく、また内的な創造の結果に注意が向き、結果として新しい発想が出やすい。

まとめ　創造性は誰でも持っており、何が創造性のある仕事に結びつくか予測がつかない。創造性の準備期には問題や矛盾を何とかしたいと思う。孵卵期はアイデアが浮かんでは壊しを繰り返す。気づきのときは何らかの手掛かりをつかんだ瞬間である。創造性の発揮の際には、発散的な思考と収束的な思考とがシーソーのように切り替わっている。

第43話 脳の損傷におけるリハビリ効果は？

脳が損傷を受けたとき、最も目立つ症状は運動麻痺である。脳の損傷として最も頻度の高い疾患は脳卒中である。脳卒中などで脳の組織が損傷を受けても、脳の機能は徐々に回復する。破壊された脳組織の機能が回復することはないが、脳のほかの部分が破壊された部分の機能を引き継ぐように学習する。リハビリテーションはこの学習を助け、回復をより早く、より良好にすることを目指す。fMRI測定などにより、リハビリによって脳のネットワークが損傷部位の機能を代償する機構が脳内に形成されることが明らかになりつつある。

■脳の損傷によって起こる障害

大脳半球の損傷では、損傷部と反対側の上下肢に麻痺が起こる。右脳であれば左の上下肢に、左脳であれば右の上下肢に片麻痺が起こる。これは神経が延髄で交叉しているためである。一次運動野内の運動神経は、内側部は足、外側になるに従って、体幹、腕、手、顔の運動を支配するため、内側領域が損傷を受けると、下肢に強い麻痺が起こる。中大脳動脈領域の損傷では上下肢ともに麻痺が生じる。

■脳卒中後の機能回復

脳卒中によって起こる障害は、麻痺、失語など機能の喪失、抑うつや認知の障害である。脳卒中後の機能回復は、バーテル指数と呼ばれる日常生活動作の評価によって行われる。一般に、発症後数週間以内に急激な回復が起こる。機能の回復は一次運動野とその周辺の浮腫《ふしゅ》の軽減、圧迫減少、血流再開に規定されるため、損傷の大きさ、急性期治療の成否の影響が大きい。発症後1か月で全患者の1／4は神経症状が消失し、1／3は自立的に日常生活ができるまでに回復する。これらは、軽症で自然回復したか、急性期治療が成功したかによる。運動麻痺の回復曲線は、発症初期に著しく、3か月以降はなだらかになる。抑うつや認知の障害も運動麻痺の回復に伴って改善することが多い。

■リハビリによる機能回復

機能回復におけるリハビリ効果が動物実験およびヒトにおける実験で確認されている。ラットを用いた脳虚血《のうきょけつ》後の実験では、15日目からのチョコレートを取る訓練を行うと、機能が改善するとともに、大脳皮質損傷の対側（左脳が損傷していると右脳側）の運動野の錐体細胞の樹状突起が増加していることが観察された。これは、損傷が起きると、反対側の大脳半球の運動野が機能を代行するものと考えられる。

ヒトにおいても、ｆＭＲＩ、ＰＥＴ、ＴＭＳ（経頭磁気刺激）などによって、運動を課題とした脳機能画像によってリハビリ効果が調べられている。それによると、機能回復には損傷を免れた運動野関連部位、非損傷半球の一次運動野や運動前野などを動員して代行活動をするものと考えられる。

■機能回復と運動学習

運動学習に伴う脳活動変化と脳損傷後の運動機能回復に伴う脳活動の変化はよく似ている。ピアノの片手練習を継続して練習した場合は、手の運動に関する運動野が拡大した。迷路をペンでなぞっていく課題では、学習に伴って補足運動野、運動肢と同側の小脳前葉、小脳後葉などの活動が増加した。このような変化は、脳損傷後のリハビリによって一次運動野や小脳以外の皮質および皮質下領域の活動と類似している。

脳損傷後の機能回復には、損傷前と同じ筋肉群を用いた運動を脳の非損傷部分が代行して働く。しかし、実際には、代償的な筋肉群を用いることも多い。例えば、目の前にあるものを取るために麻痺側の腕を伸ばすとき、肩を回して目的を達することがある。

■いろいろなリハビリ

リハビリには、その意欲が出るような環境を与え、リハビリ量を確保する必要がある。麻痺手の段階的使用、両側練習、ＴＭＳによる運動野刺激、運動想像、モノアミン系やアセチルコリン系などの薬剤との併用などが行われている。

近年は、脳に電極を埋め込んで、あるいはｆＭＲＩなどから生体信号を取り出して、病巣をスキップして脳の外で情報処理を行い、それを機械や生体に出力して、コンピュータや義手を動かす脳—機械インターフェース（ＢＭＩ）の研究が行われている。

まとめ　脳が損傷を受けたときの主な症状は運動麻痺である。大脳半球の損傷では、右脳であれば左の上下肢に、左脳であれば右の上下肢に片麻痺が起こる。運動麻痺の回復を目指してリハビリが行われる。リハビリによって損傷を免れた運動野関連部位、および反対側の大脳半球の運動野が機能を代行することがわかっている。

コラム5　BMI（Brain-machine Interface）

BMIは脳波などの脳活動を利用して機械を操作したり、カメラ映像などを脳に直接刺激して、感覚器を介さずに入力することができる。信号源および操作対象である「脳」と「機械」をつなぐ存在、脳波を読み取る脳波センサーや脳波を解析するプログラムなどを総称してBMIと呼ぶ。

◎脳信号を読み取り機械で操作

脳信号の読み取りでは、脳の神経ネットワークに流れる微弱な電流から出る脳波や脳活動による血流量変化など、脳の活動に伴う信号を検知し解析して人のしたいことを読み取る。これを機械に入力して命令に変換することによって脳と機器を直結することができる。例えば、テレビのチャンネルを1chに変えたいという脳波をBMIが読み取り、BMIがテレビを1chへ切り替えるスイッチへ信号を送ることで、チャンネルを変更することができる。

◎機械からの情報の脳への直接刺激

脳への刺激では、センサーなどによる情報を元に脳を直接刺激することによって機械からの情報を脳に直接伝えることができる。例えば「飛行機から撮影した空の映像」をBMIに対して入力し、BMIがこれを適切な脳刺激の形に変換し、後頭葉の視覚野に対して磁気刺激することによって、家にいながら「空の映像」が脳裏に浮かぶようになる。

◎侵略的なBMIと非侵略的なBMI

侵略的なBMIは、手術で脳に電極を埋め込むやり方である。神経細胞の信号を直接観測できるため、精度の高い情報が得られる。しかし、狭い範囲の情報しか得られない。サルを使った実験では、腕の動きを運動野の神経細胞から予測し、ロボットアームで再現する実験がある。この実験では、腕の動作を表現する情報が必ずしも特定の神経細胞の活動に依存したものではなく、運動野の中に広く分布している可能性が示された。ラットの海馬によるBMIでは、個々の神経細胞の活動をリアルタイムで検出するとともに、神経興奮の頻度や神経細胞間の同時興奮を検出し、機械制御の信号として出力する。例えば、神経細胞間の同時興奮があると、ラットは餌をもらえる。

非侵略的なBMIは、電極をつけたキャップをかぶり、頭蓋の表面から信号を観測するやり方である。取り外しが簡単で研究は盛んだが、精度の向上が課題となっている。

第6章 運動と脳

スポーツ選手の華麗な動きなどを実現するのは、脳と神経が全身の筋肉群を速く精密に動かし、調節しているからである。本章では、運動への脳の関わり方、運動野と前頭前野の働き、脳からの運動指令の末端への伝達の仕方などについて述べる。さらに、乳幼児の運動能力の獲得方法、運動の器用さ、運動の効果についても述べる。

第44話 運動に脳がどう関わるか？

運動に関わる動作を観測すると、スポーツ選手の華麗な動き、楽器演奏家の手さばきのみならず、日常の動作でも複雑な動きがみられる。これらの動きを実現しているのは、脳と神経が全身の筋肉群を速く精密に動かし、調節しているからである。その精密な動きと調節機能がいかに優れているかは、手足の運動機能が何らかの原因で失われたときに、ロボットで代行しようとしても人間の手足の動きにははるかに及ばないことからもわかる。

■運動に必要な脳の働き

運動には目的がある。個体を取り巻く環境を脳が認識し、必要な行動を選択して運動を起こす。その際、脳は置かれている状況を正確に把握し、刻々と変わる変化に対応しなくてはならない。したがって、脳は認知機能を含む幅広い領域を働かせる必要がある。

図42に運動に必要な脳の全体像を示す。運動を生ずる筋肉の活動を直接に制御するのは、図42の右下の運動細胞である。運動細胞は脊髄と脳幹にあり、運動神経で筋肉に接続している。運動細胞の働きを調節しているのは、脊髄の神経回路網で作られる信号と大脳皮質から下りてくる下行性の制御系を伝わる信号である。脳から下りてくる主要な信号源は大脳の一次運動野で、それに脳幹の一部が参加する。一次運動野と脳幹からの運動出力は大脳高次運動野の支配下にある。

他方、全身の筋肉や関節の状態と皮膚に接触する物体の情報は運動の調節に欠かせないが、それは体性感覚情報として脊髄と脳幹および大脳感覚野に送られる。脊髄と脳幹に送られた情報は、反射などの自動的性格を運動調節に使われる。一方、視覚、聴覚、平衡感覚などの情報は、それぞれ別の経路を伝わって大脳感覚野に送られる。これらの感覚情報は大脳の連合野でまとめられ、統合されて大脳の高次運動野に送られる。

大脳の高次運動野は認知過程で形成された情報や記憶情報などをもとにして、一次運動野に必要な情報を提供する。高次運動野とは、補足運動野、運動前野などである。大脳基底核と小脳は、大脳の連合野から高次連合野へ、あるいは大脳感覚野から運動野への情報の仲立ちをしたり、一次運動野の出力調整をしたりして、運動制御や運動学習に関与すると考えられている。

■運動細胞の働き

運動は筋肉の収縮によって実現する。その収縮を直接調

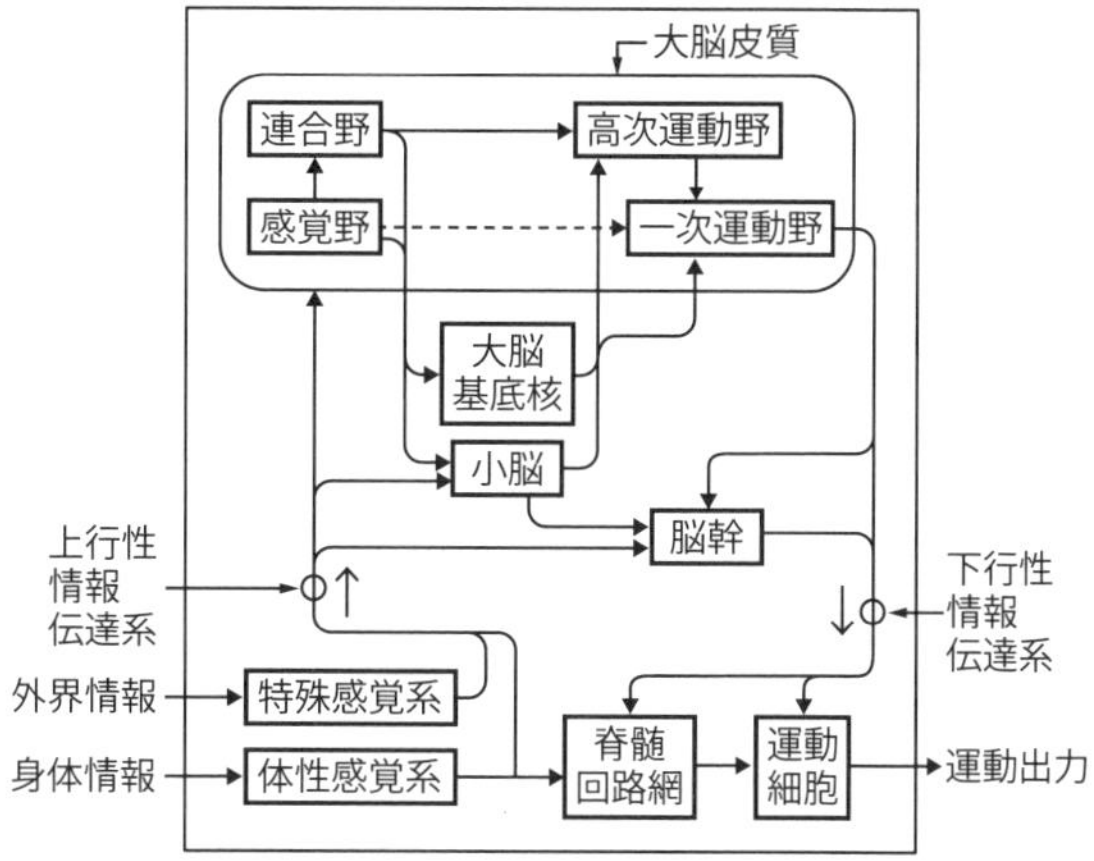

図42　運動の発現と制御に使われる脳の部位

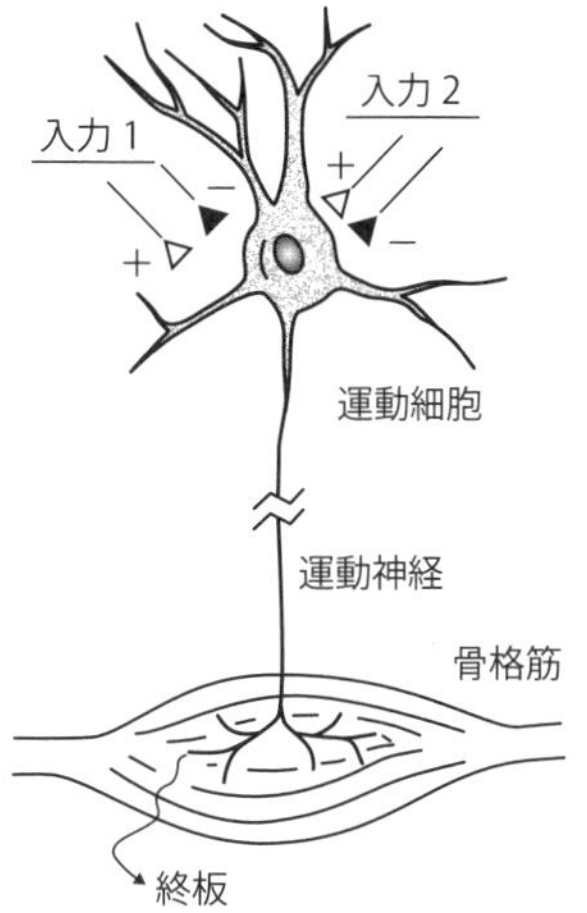

図43　運動細胞と筋肉

節しているのが、運動細胞と運動神経と呼ばれる神経線維を伝わる信号である。運動細胞と筋肉の図を**図43**に示す。運動神経は運動細胞の長い突起であり、終板という構造を介して筋肉とつながっている。運動細胞が活動して電位が発生すると、その信号は運動神経を伝わって筋肉に達し、その信号に対応した活動量が決まる。脳が筋肉の収縮量を制御するときは、運動細胞にプラス（興奮性）またはマイナス（抑制性）の信号を送って活動量を調節する。

まとめ　運動に関わる動作では脳と神経が筋肉群を速く精密に動かし調節している。脊髄と脳幹に運動細胞があり筋肉の活動を直接に制御している。大脳の高次運動野は認知過程での情報や記憶情報などをもとに一次運動野に必要な情報を提供する。大脳基底核と小脳は運動野への情報の仲立ちをしたり、一次運動野の出力調整をしたりしている。

第45話 脳からの運動指令がどのように末端に届けられるか？

運動細胞の大半は手足や胴体の骨格筋につながる脊髄にあり、一部顔の筋肉を支配する運動細胞は脳幹の神経核にある。そこには、1つの筋肉につながる50～100個の運動細胞が集団を形成していて、運動細胞プールと呼ばれている。筋収縮の強さは、運動細胞プールにある何個の運動細胞が活動するか、1個の運動細胞がどれだけ強く活動するかで決まる。

ヒトが随意運動をするとき、弱い筋収縮では小型の運動細胞がまず活動し、強い筋収縮を要するに従って大型の運動細胞が活動してくる。また、運動細胞の発射頻度も高くなる。

■脊髄の運動細胞の入力系

図44に脊髄の運動細胞の入力系を示す。運動細胞は脊髄の前角にあり、その活動は2種類の入力によって調節される。1つは大脳皮質から出力され、脊髄に下りてくる系で、もう1つは筋肉、関節、腱、皮膚などにあるセンサーの信号を伝える系である。個々の入力は、運動中に、筋の長さがどのように変化するか、関節がどのように動き、皮膚に何がどのように接触しているかを時々刻々運動細胞に伝えている。また、脊髄の介在細胞は、それらの入力を媒介したり調節したりしている。

■脳から脊髄に向かう直接調節系

脳から脊髄に向かう直接調節系は主として四肢末端の巧緻的な運動に関わる。脊髄の運動細胞は非常に多くの入力情報を持っており、1個の運動細胞が受け取るシナプスの数は数千から1万にも及ぶ。脳からの入力には、直接運動細胞にシナプス入力するものと、脊髄の介在細胞を経由するものとがある。図44の太線で示した線で、上の矢印は介在細胞に、下の矢印は直接運動細胞に入力している。脊髄へ直接送る脳の部位は、赤核《せきかく》、上丘《じょうきゅう》、カハル間質核、前庭神経核、橋と延髄の網様体である。大脳皮質運動野は、一次運動野が主要な出力部位であるが、運動前野、補足運動野からも下方出力がある。「赤核」は大脳と小脳の情報を中継して脊髄の働きを調整する。「上丘」と「カハル間質核」は内耳から送られてくる頭の位置や動きの情報をもとにして、姿勢の制御を行うときに用いられる。橋と延髄の「網様体」は、大脳とそれ以外の広範な脳の部位から情報を集め、運動と姿勢の制御に関与する。脳の個々の中枢からの出力が脊髄の灰白質を下降する位置はそれぞれ決まっている。

■脳から脊髄への間接的な調節系

脳から網様体など脳幹部を通って脊髄へ至る経路は、姿勢保持などより体幹に近いものを制御すると考えられている。小脳や大脳基底核は、大脳皮質の運動野や脳幹の運動中枢の働きを制御することによって、運動に深く関与する。また、大脳皮質の頭頂葉や前頭前野も運動の発現や制御に深く関わっている。さらに、直接調節系の働きは、多くの脳部位と多種多様な連絡によって影響しあっている。

脳の上位中枢から下降する調節系は直接運動細胞に働きかけるものもあるが、多くは脊髄の介在細胞に接続し、それを経由して運動細胞を制御する。その介在細胞は、単なる信号の中継をするだけでなく、多種の入力の統合をすることが多い。介在細胞で脳からの信号をまとめたり、筋肉、関節、腱、皮膚などからの入力と大脳皮質からの情報を統合したりしている。

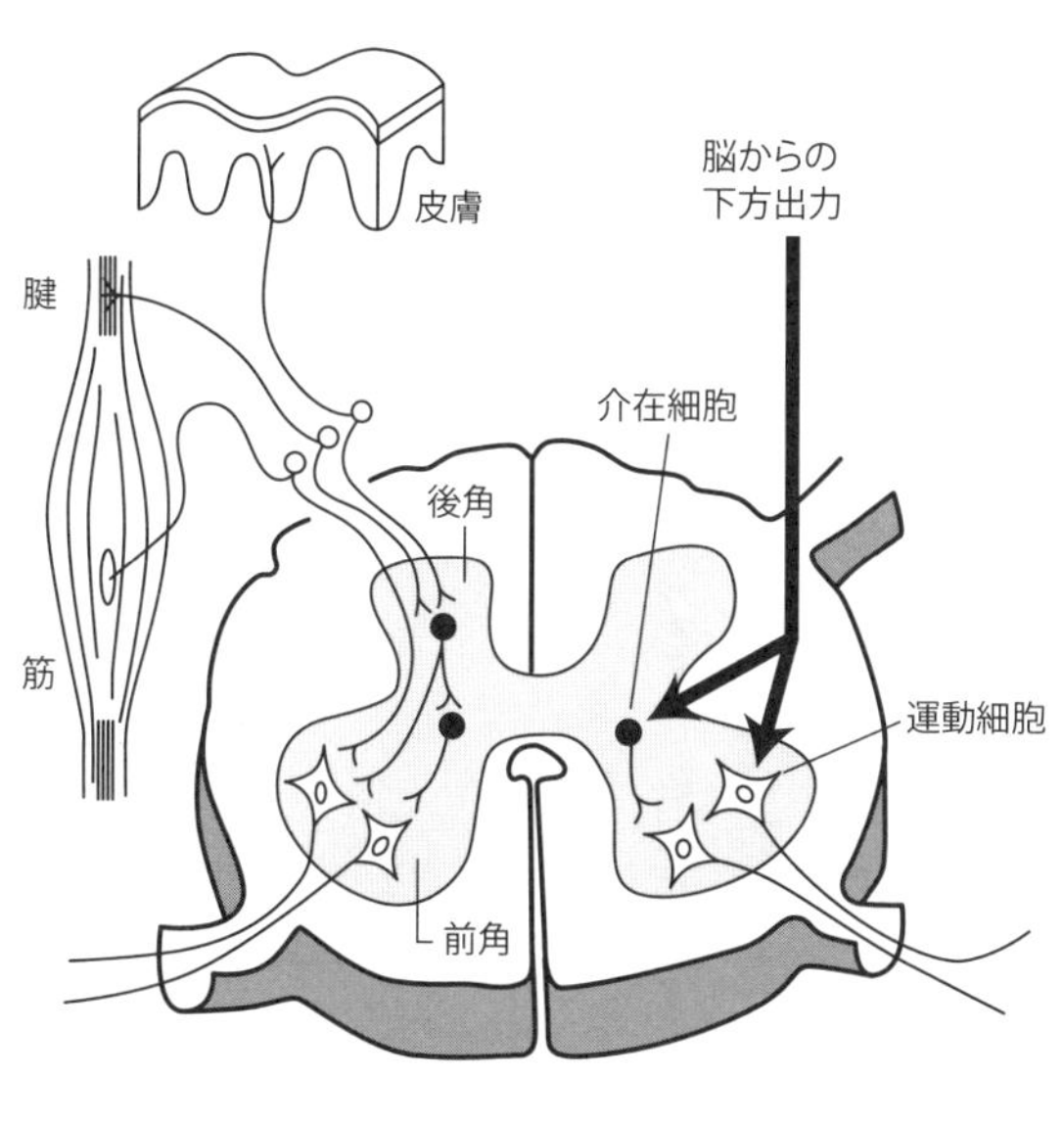

図44　脊髄の運動細胞の入力系

まとめ　運動細胞の大半は脊髄にある。1つの筋肉につながる数十個の運動細胞が集団を形成し、筋収縮の強さは運動細胞の活動の数と強さで決まる。脳から脊髄への入力には、直接運動細胞にシナプス入力するものと脊髄の介在細胞からのものとがある。直接入力は運動野、赤核、上丘など多数ある。介在細胞は信号の中継だけでなく、多種の入力の統合を行う。

第46話 乳幼児はどのように運動能力を獲得するか？

乳幼児は2歳くらいまではまだ脳の運動野などの発達が十分ではなく、高度な運動ができない。年齢が上がるにつれて、脳の発達が進んでいくので、それにつれて運動は高度になっていく。

新生児は、生まれたときには必ずといってよいほど手を握っているが、これは無意識になされる。大人の人差し指を、新生児の手に握らせてみると、新生児はしっかりと握る。握らせたままゆっくりと新生児の腕を持ち上げても指を放さない。これは新生児が行う把握反射で、延髄が作用している。赤ん坊が無意識的に母親にしがみつくのも把握反射である。

■延髄から脳橋、中脳の働く段階へ

乳幼児の脳が発達するにつれて、できる運動が高度なものになり、延髄から脳橋、中脳から大脳皮質の働く段階へと進む。脳橋が働くようになると、ものを握って放すことができるようになる。月齢2～3か月ごろになると腕や脚の動きを利用しておなかを床に密着させながら身体を前に押し出す腹ばいを覚える。腹ばいによって視覚の発達をも促すと考えられている。安全で滑らかで平坦な床環境を用意して、毎日一定時間腹ばいの運動をさせることが重要である。腹ばいの運動を助長するために、赤ちゃんのお気に入りのものを例えば1ｍ先に置くと、それに向かって進む。

月齢7か月ごろになると、手とひざで這う高ばいができるようになる。このころ、脳橋の働きを卒業して中脳のつかさどる機能分野に入る。高ばいをすることで世界が広がり、探索を進めようとする意欲が進む。また、このころは、意図的にものをつかもうとする。細かいものをつかむことはまだできないが、手の平と指全体を使って大きめのものをつかんで持ち上げることができる。高ばいが自由にできるようになると、しだいに家具などにつかまり、伝え歩きをしようとする。

■大脳皮質の働く段階

月齢12か月ごろになると、ソファーや椅子やテーブルにつかまって伝え歩きしていた子どもが、手を離しても自分の足で立っていられるようになる。立つだけでなく、何歩か転ばずに歩けるようになる。このとき、子どもは手を肩の高さに上げてバランスを取ろうとする。子どもは何回も転びながら、重力、慣性、平衡感覚など多くのことを学んでいく。運動という面で最も大きいことは、腕が運動の役割から解放されることである。そして、空いた手でヒトは新たな事柄に挑戦することになる。この段階では大脳皮質が発達しはじめるので、ヒトとしての大きなステップを歩みはじめる。

月齢18か月ごろになると、幼児は腕を主要なバランスの手段とせずに歩くことができるようになる。そして、腕をピストンのように使って、前進のための推進力とすることができ、歩く速度も速くなる。手の動きでは、親指と人差し指を使って、小さなものを2つ同時に摘まみ上げることができるようになる。好奇心に駆られて、手に届くあらゆるものを持ち上げたり引っ張ったりする。

月齢36か月ごろになると、大脳皮質がさらに発達するので、走ることができるようになる。走ることは大脳皮質を成長させることにもなる。また、走ることは呼吸器系の効率を向上させる。それには長距離走が有効である。

■**遊びによる脳の発達の違い**

近年、子どもたちの遊びは、動き回る遊びから家でゲームなどをする静的な遊びに変化している。子どもの遊びの変化によって、脳の発達が遅れていることが明らかになっている。全国の保育園や幼稚園の調査で、大人が遊びを決めることが多い園と、子どもが遊びを決めることが多い園では、自発的に遊ぶほうが、運動能力が高くなる結果が出ている。また、小学校1年のクラスで、積極的に動き回る遊びを取り入れた保育園の子どもは、ほかの保育園の子どもに比べて、集中したり話を聞く切り替えが早かったという。動き回る遊びが脳の発達にも有効であることを示している。

課題テストによる１９６０年代と最近の子どもの脳の発達程度の比較によると、最近の子どもは脳の発達が遅れていると言う。これらの事実から、多くの脳科学者は、子どもの時期の運動が脳の発達を促すと考えている。

まとめ　新生児は手を握る把握反射がある。脳が発達するにつれて運動が高度になり、延髄から脳橋、中脳から大脳皮質の働く段階へと進む。脳橋が働くと握って放すことや腹ばいを覚える。中脳が働くと高ばいをする。大脳皮質が働く段階では立ったり歩いたりする。脳の発達で運動が高度になるが、逆に子どもの時期の運動が脳の発達を促す。

第47話 運動野と前頭前野はどのように活動するか?

脳の運動野とは、その場所を電気刺激すると、わずかな電流を流しただけで、脳と反対側の手や足の筋肉が収縮する場所である。左の運動野の刺激なら右の手や足、右の運動野の刺激なら左の手や足の筋肉が収縮する。サルでもヒトでも運動野は随意運動に必須の領域である。

■運動野の地図

一次運動野に一対の刺激電極をおいて電流を流し、対側の筋収縮が起こるかどうかをチェックして、脳の運動野の中の部位と筋肉の位置との関連を調べることができる。その結果得られるのが**図45**に示すような一次運動野の地図である。脳に刺激電極を置く実験はヒトで行うことは難しいので、図45はチンパンジーでの結果である。一次運動野の位置は図6（9頁）にあるように、中心溝の左側の前頭葉にある。上部には肛門に対応した部位があり、下肢、体幹、上肢、顔、舌と続く。ヒトに関しては、てんかんの治療のために脳手術をする機会を利用して、一次運動野の地図作成が行われている。その結果、ヒトの一次運動野の地図はサルとほぼ同じだが、唇、舌、手、指の領域がサルに比べて広くなっている。これは、ヒトが言葉や道具を使うことにより進化したことを反映しているものと思われる。

■手を動かす経路

一次運動野から手の随意運動細胞までの神経回路には2つあって、運動野細胞の軸索が直接脊髄まで下降する錐体《すいたい》路と、途中でシナプスを変えながら下降する錐体外路とがある。錐体路を下降する軸索の大部分は脊髄内の介在神経細胞にシナプス結合する。

一方、筋紡錘《きんぼうすい》や皮膚感覚器からの神経パルスは、脳幹部でシナプスを変えながら感覚経路を上行し、大脳皮質の体性感覚野に入る。

錐体路の大きさは、下降する軸索の数とその太さによって決まる。錐体路の神経線維の数は、動物種によって違い、マウスで3万、ネコで19万、チンパンジーで80万、ヒトで100万である。高等動物になるほど錐体路の神経線維の数が増え、速い伝導を支えている。その結果、一次運動野からの信号を速く筋肉に送れるようになり、素早い手の動きができるようになる。

錐体路を脳幹の錐体交叉のところで切断して、一次運動野から脊髄への連絡は錐体外路だけにすると、錐体路の働きが欠落する。錐体路が切断されたサルで、一次運動野の表面を刺激して起こる運動は簡単なものだけになってしまう。指の運動はまったく起こらなくなり、膝や肘の屈曲、前腕の回外に限られてしまう。手術前のサルは、机の上の小さな餌をつまみとることができたが、手術後は指でものをつかむことができなくなった。

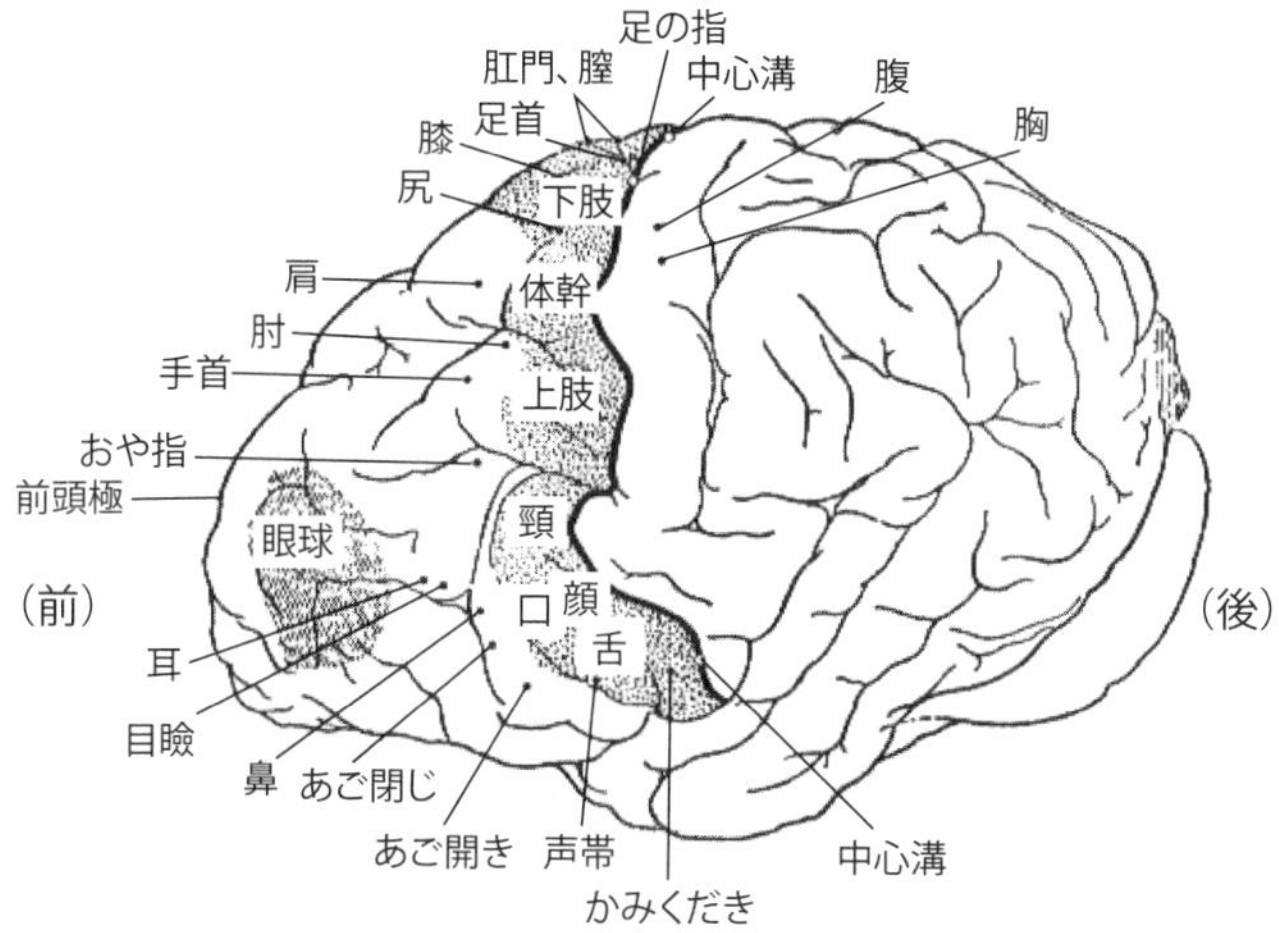

図 45　一次運動野の地図（チンパンジー）

■前頭前野は手の動きにどのように働くか

筋紡錘や皮膚感覚器から体性感覚野に入る入力系と一次運動野から手までの出力系が働いて運動が実現する。しかし、これだけでは十分ではない。これらの系が働くだけでは、手の筋肉は反射的に収縮するが、自由な意思による随意的な手の運動は実現しない。自由意思による働きをするのが、大脳皮質の前頭前野で、図45において一次運動野の左側にある。前頭前野は、外環境から与えられるあらゆる感覚情報と脳内に蓄えられている記憶情報とを統合して、時間的に組み立てられた適切な行動計画を作り、その計画を運動の出力系に送っている。事故で前頭前野に障害を受けた人は、目標や計画を立てて仕事をすることができなくなったという。

まとめ　一次運動野はその場所を電気刺激すると脳と反対側の手や足の筋肉が収縮する場所で、随意運動に必須の領域である。素早い手の動きは経路の軸索の数とその太さによって決まる。自由意思による運動を制御するのは前頭前野で、環境からの感覚情報と脳内にある記憶情報とを統合して行動計画を作り、運動の出力系に送っている。

第48話 運動の器用さとは？

運動が上手な人をよく運動神経が良いという。しかし、運動神経とは、脊髄の運動細胞から筋肉細胞に伸びている軸索の集まり（神経）のことである。軸索の太さや数によって脳からの伝達速度が変わるので、運動神経の性質が変わっても運動の速度が変わるだけである。運動の器用さは、運動神経で決まるのではなく、運動出力系の反射性調整能力、統合系の指令能力で決まる。「運動神経が良い」という言葉は、脳科学が発達する前の名残というべきであろう。

■器用さに限界があるか

例えば英文タイプを習う場合は、毎日一定の時間練習すると最初の20日ぐらいは、打てる文字数が急激に増え、その後はゆっくりと増えていく。1～2か月すると1分につき100～120文字打てるようになり、3～4か月すると130文字くらい打てるようになる。このころから打てる文字数はあまり増えず、ほぼ一定になる。しかし、学習によって増える器用さに限界があるのではなく、無限の可能性があると考えられている。

■反応の速さ

例えば自動車の運転中に目の前に人が現れたとして、よけるためにハンドル操作を行うとして、普通の大人では光刺激から手を動かすまでに0・2～0・3sかかる。この反応時間は練習すると短くなるが、いくら練習しても0・18sよりは短くならない。網膜から大脳の視覚野まで神経信号が送られ、運動野の手の錐体路細胞が働いて手の筋肉の収縮が起こるまでに時間がかかる。網膜から視覚野までが0・01s、運動野から手の運動まで0・08sかかるので、残りの0・09sが視覚野から運動野までの信号伝達に使われていると考えられる。この間、50個以上の神経細胞を経由している。これは、刺激が1種類の場合であるが、刺激が2種類になると反応時間は0・3s程度になり、1種類の場合に比べて長くなる。これは2種類の刺激を判断するために、高次の視覚系や前頭前野で使う時間が長くなるためである。

短距離走のスタートの合図には音が使われる。光刺激の反応時間は0・18sであるが、音刺激の反応時間は0・14sである。これは、視覚野から運動野までの信号伝達に比べて、聴覚野から運動野までの信号伝達の時間が短いためと考えられる。空気中の光の伝達速度が音に比べて圧倒的に速いので、光による合図のほうが速く伝わると考えがちだが実際は逆である。短距離走のスタートの合図に光を用いた実験があるが、音に比べて反応までの時間が長かったそうである。

■運動の学習能力と年齢

ピアノ演奏のような手の運動は、両手を複雑かつ頻繁に動かすので、幼児のときから始めたほうが良いと言われている。運動は年齢が低いほど早く学習されるというのが経験則である。では、年をとると運動の学習が不可能になるのであろうか？　言語の習得には臨界期があると言われているが、運動の学習には臨界期があるのだろうか？　手の運動に関しては臨界期がないと考えられている。時間に対して運動が可能となった作業曲線を描いてみると、年齢に関わらず絶えず向上が見られる。しかし、感覚機能に関しては臨界期があることが動物実験などから確認されている。

■運動の不器用さを克服するためには

運動の器用さには、手先の器用さと全身の器用さとがある。子どもによってはなかなか箸の使い方が覚えられなかったり、鉄棒が苦手だったりする。手先の器用さを鍛えるには、箸の使い方を教えて練習することはもちろん、お手玉、ベーゴマ、けん玉など手を使う遊びを通して手先の使い方を練習するのが良い。練習することによって、脳の中に手先の運動パターンが形成され、意識しなくても運動ができるようになる。

全身運動に関しては、サッカーや野球などの運動ができればよいが、それができなくても、公園の遊具などによる遊びを通した運動能力の獲得が望ましい。

■運動の器用さと運動能力

ここでは、手を主に使う運動能力について考える。運動能力は、正確なコントロール、反応の予測能力、目標づけ能力、反応時間および変化率のコントロール、速い反応時間などが求められる。それを支える身体的能力としては、手や指の巧緻さ、指や手首の速さ、手や腕の筋肉の速さと持続能力、体幹や各部位の柔軟さ、瞬発力、静的および動的な力、身体の平衡および協調、持続力などが求められる。

運動能力は運動出現に関わるすべての脳領域の働きで決まる。

まとめ　運動の器用さは運動神経で決まるのではなく、運動出力系の反射性調整能力、統合系の指令能力で決まる。運動能力は、正確なコントロール、反応の予測能力、目標づけ能力、反応時間および変化率のコントロール、速い反応時間などが求められる。運動能力は運動出現に関わるすべての脳領域の働きで決まる。

第49話 運動するとき脳はどのように働くか？

運動するとき脳のどの部位が働くかは、脳内に電極を入れた動物実験や難治性てんかん手術前の脳表面に直接電極を入れ脳波を測定する方法によってわかっている。

■運動における脳の活動

例えば、目の前にあるボールを使って標的に投げる場合を考える。まずボールを見てどこにあるかを認識し、手を伸ばすとき、指、前腕、上腕の延ばす筋群が収縮して、手をボールに近づける。ボールのすぐ上に手がくると、ボールをつかむために、指、前腕、上腕を曲げる筋群が収縮する。

運動を意図すると、まず前頭前野で運動のゴールの設定が行われる。前頭前野からの運動指令が、補足運動野および運動前野に届く。これらの情報が一次運動野に送られ、筋への刺激となり運動が実現する。

■一次運動野の活動

一次運動野は中心溝の前方に位置し、随意運動に関わる大脳皮質運動野で、運動指令を脳幹や脊髄に出す拠点である。図45（105頁）の地図は一次運動野を示している。一次運動野は随意運動の運動計画に関わる高次運動野や頭頂葉連合野からの情報を統合して、最終的な運動指令を脳幹や脊髄に送る。一次運動野を損傷すると、運動野の地図の損傷部位に対応した部位に麻痺が起こる。

■補足運動野の活動

補足運動野は、自発的な運動の開始、異なる複数の運動を特定の順序で実行、両手の協調運動などに関わる。一次運動野を切除されたサルにおいて、補足運動野の電気刺激によって運動が起きるので、補足運動野は一次運動野から独立した運動野であることがわかった。

補足運動野を損傷しても、一次運動野とは異なり、軽微な麻痺しか起こさない。しかし、自発的な発語や運動の開始が非常に困難になる。しかし、「本のここを読んでみて」と言われると問題なく読むことができる。自発運動に先行して、補足運動野からの運動準備電位が観測されている。補足運動野を損傷すると、「カップ麺の蓋を開けてから湯を注ぐ」など一連の動作を順序だてて行うことが困難になる。また、片手で木の枝を引き寄せてほかの手で実を取るなど両手の協調動作ができなくなる。

■運動前野の活動

運動前野は、高次運動関連領域の1つである。感覚情報に基づく運動、運動の企画、運動の準備、他者の運動内容の理解などに関わっている。

ヒトの運動前野が損傷されると、麻痺は起こらないが、習熟された動作をうまく行えなくなる。透明なプラスチック板に穴を開けた箱の中に餌を置いて、サルが餌を取れるかどうかを調べた。その結果、健常なサルは餌を取ることができたが、運動前野が損傷されたサルは手を伸ばすのみで餌を取ることができなかった。このことは、運動前野が視覚情報を利用して運動を実現していることを示す。

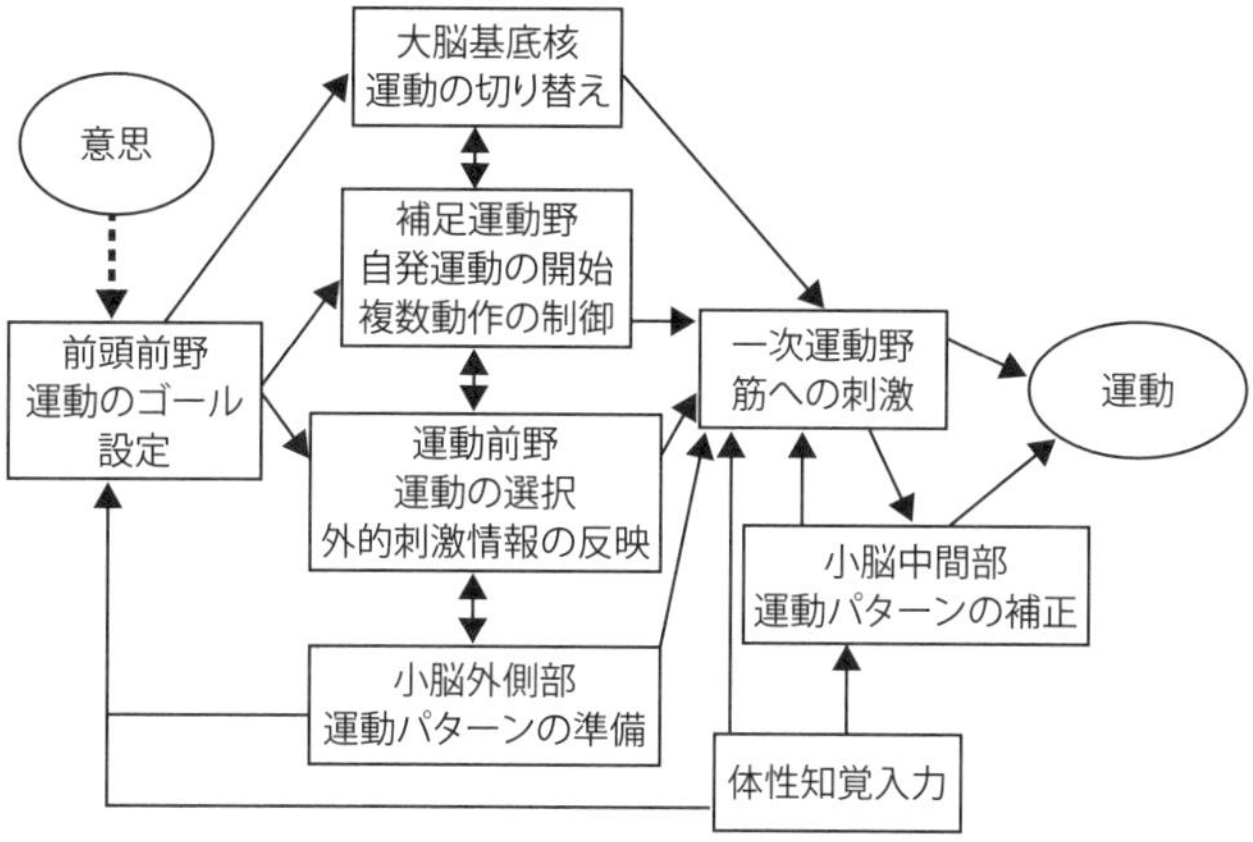

図46　随意運動の脳内機構

■随意運動の脳内機構

随意運動の脳内機構を図46に示す。運動前野では、視覚などの外的刺激情報を反映して運動の選択を行う。補足運動野では、自発運動を選択し開始指令を出す。運動の順序は、運動前野および補足運動野にある。これらの情報が一次運動野に送られ、筋への刺激となり運動が実現する。その際、小脳中間部から運動パターンの補正情報を受け取って、実際の運動は修正される。運動が行われる場合は、視覚や記憶などに関する脳の部位も働くので、脳全体の50％以上が働いていると言われる。多くの運動は暗黙的に（意識せずに）行われるが、繰り返し行うと明示的になる。

まとめ　運動を意図すると前頭前野で運動のゴールの設定が行われる。前頭前野からの運動指令が、補足運動野および運動前野に届く。これらの情報が一次運動野に送られ、頭頂葉連合野を含む随意運動の運動計画の情報を統合して、最終的な運動指令を脳幹や脊髄に送る。そこにある運動細胞から筋肉へ刺激が伝わり運動が実現する。

第50話 運動の効果とは？

運動は脳を活性化し、やる気を生み出し、学習効果もあるという。そうだとすれば、それを脳科学から見た理由は何なのだろうか？

■運動の効果の例

アメリカのイリノイ州にある高校で、授業の始まる前の10分間に毎日運動を続けた結果、世界約23万人の生徒が参加する学力テストで、理科1位、数学6位の成績をとったという。アメリカ全体では、理科18位、数学19位だからこの高校の成績が良かったことが注目された。運動効果の実例はこれだけでなく、世界各地で似たような報告がなされている。運動効果はどのような原因によるのだろうか。

■血流が増える効果

ジョギングやウオーキングなどの有酸素運動をすると、酸素を大量に消費するので血流が増える。その結果、脳にも酸素やエネルギー源のブドウ糖が送られて、脳が活性化しやる気が起こる。

■BDNFが脳内で生成

BDNFとは、脳由来神経栄養因子でタンパク質の一種である。この成分は、脳の神経細胞を分裂させて数を増やしたり、樹状突起を作ったりして、シナプスという脳の情報ネットワークの働きを強める。マウスによる実験では、走らせたマウスは走らないマウスに比べてBDNFの量が大幅に増えることが確認されている。「モリスの水迷路実験」で、走らせたマウスは記憶が良くなることが確認されている。

また、BDNFの量は記憶力を作り出す機能を持つ海馬の部分で特に増えていることがわかっている。さらに、被検者に3か月間エアロビクスをやってもらい、その前後にfMRIの画像を比較した結果、運動したほうが海馬の歯状回で活動が高まっていた。これらの結果から、運動を続けていると、海馬の歯状回の周辺でBDNFが増え、これによって神経細胞が増えて、記憶力が良くなることがわかった。

■IGF-1の増加

運動で記憶力が高まるプロセスには、BDNF以外に成長因子があることがわかっている。IGF-1は、インスリン様成長因子である。IGF-1は、インスリンと同じように筋肉や脂肪などの細胞に糖分を送る働きをしている。基本的な作用は脳でも同じだが、脳では神経細胞を刺激するスイッチのような役割を果たしていることがわかった。IGF-1は、運動しているときだけ活発に働き、運動していないときはあまり働かない。運動をすると脳内でIGF-1が増加し、運動をしないとIGF-1は減少する。限られた栄養素を使って生存競争を生き残るためにとったヒトの戦略は、必要なときだけ脳機能を高めるスイッチのような役割をIGF-1に与えた。

■セロトニンやドーパミンの生成

運動するとセロトニンやドーパミンが作られる。私たちのメンタル面には脳内の神経伝達物質が大きな影響を及ぼしている。セロトニンの生成量が減ると、不安や鬱屈した気持ちが強くなり、イライラして怒りの感情が大きくなる。運動によってセロトニンが増えるとストレスに対して強くなる。また、ドーパミンは脳の前頭葉を活発化させ、気持ちを前向きにし、集中力を高める働きがある。

■運動と活性酸素の害

運動すると酸素の消費が多くなり、老化の原因となる活性酸素も多くなると考えられる。ところが、運動により活性酸素を取り除くスーパーオキシドデイスムターゼ（SOD）の活性が高まり、活性酸素を除去してくれる。ただし、あまり激しい運動は活性酸素を増やす。

■運動が必要であることの進化的な意味

ヒトは進化の過程で二本足で歩けるようになり、長時間走る能力を獲得し、獲物を捕まえやすくなった。長時間走ることで、脳細胞が増えた。また、空いた手で道具を使うようになった。手の微妙な動きによって運動野を中心とする関連の脳の部位が発達した。さらに、ヒトは言葉を使うことで集団行動が可能となり、生存競争に勝ってきた。こうした長時間走る能力、道具の使用、言葉の使用のいずれもが大脳の成長を促すことになった。一方では、脳は体重の2％程度しかない臓器であるが、エネルギーの20％程度を消費している。脳を使わないとエネルギーを浪費することになる。脳を使う最も簡単で効果的な方法は運動することである。

まとめ　運動は脳を活性化し学習効果もある。毎朝10分間の運動を続けた高校の学業成績が上がったという。有酸素運動をすると、脳の血流が増える。BDNFという神経栄養因子が増え、シナプスの働きを強め、海馬の神経細胞が増える。IGF-1という成長因子が増え、セロトニンやドーパミンなどの神経伝達物質が増えてストレスに強くなり集中力が高くなる。

コラム 6　平衡感覚と脳

体がどちらを向き、どれくらい傾き、動いているかなどの情報は動物にとっては重要である。このような情報を受け取るのが平衡感覚である。これがないと、めまいを起こしたり、押されてもいないのに倒れたりする。平衡感覚があるために、走るバスの中に立っていても倒れないでいられる。バランスをとるには、視覚や体性感覚、筋肉や関節などが関わるが、一番大きな役割を果たしているのが前庭器官で、平衡感覚器とも呼ばれる。

前庭器官は、耳の内耳にある三半規管と耳石器である。三半規管は図 25（37 頁）に示した。耳石器は図 25 には示してないが、三半規管の端にくっついている。三半規管が刺激されると回転感覚が、耳石器が刺激されると直線運動や傾斜の感覚が生じる。三半規管と耳石器には毛を持った有毛細胞がある。三半規管内の有毛細胞はリンパ液の中にあり、リンパ液の動きによって毛が動き、細胞が刺激される。その結果、電気信号が発生して、頭の回転の方向と速さの情報として脳に送られる。また、耳石器にある有毛細胞は、耳石をのせたゼリー状の液体の中にあり、この液体の動きによって毛がゆがんで電気信号が発生し、頭の位置や進む方向および加速度の情報として脳に送られる。

この 2 つの器官からの情報は、橋と延髄の前庭神経核に入り、ここからの出力は脊髄、眼筋運動神経細胞、小脳、網様体、視床、視床下部、大脳皮質へと分枝する。小脳や大脳皮質は、それらの情報をもとにして、頭が動いても目に見える像がぶれないように眼球の位置を制御したり、身体のバランスを保ったりする。

乗り物酔いは、過度の前庭刺激により起こる悪心、嘔吐、血圧低下、冷汗などの自律神経の反応である。視覚や体性感覚との間に整合性がない前庭刺激にさらされ、それらの情報を統合できず、中枢神経内での情報処理が破綻した状態である。例えば、車に乗って車内の物体のみを見ている場合、車の上下動などによる前庭入力が発生するが、網膜上の対象物の像はあまり動かないために、前庭入力情報と視覚入力情報の間に乖離が起き、乗り物酔いが発症する。動物が主体的に運動する場合には、視覚入力と前庭入力の間に乖離は起きないので、乗り物酔いは起こらない。

第7章　情動と脳

近年の脳科学の進展に伴って、情動や感情は脳の特定部位とつながっていてその支配を受けていることが明らかになりつつある。本章では、情動の身体的基盤、情動の生みだされる脳の場所について述べる。さらに、子の親への愛着の形成の仕方、愛着を形成する脳内物質の働き、情動に対する報酬系の働きなどについて述べる。

第51話　情動や感情は科学の対象か？

20世紀の半ばごろまでは、感情は文学の対象であって自然科学の対象ではありえないという考えが支配的であった。ところが、近年の脳科学の進展に伴って、情動や感情は脳の特定部位とつながっていてその支配を受けていることが明らかとなりつつある。そのことによって、ヒトの感情の発達や病気を生物学に基盤をおいて理解することが可能になる。

「情動」とは、喜怒哀楽など動物にもヒトにも見られる共通の感情と認められている。一方、「感情」とは、喜怒哀楽などの情動を持つことの自己認識である。情動は、心拍数、血圧、呼吸、発汗などの生理的な変化として、恐怖などの強い情動は内分泌系の変化として現れる。

■情動の種類

プルチック（Plutchik）による8つの基本情動を図47に示す。悲しみ - 喪失、驚き - 定位、恐れ - 守り、受容 - 共同、喜び - 生殖、期待 - 探索、怒り - 破壊、嫌悪 - 拒絶で、ハイフンの後に示したのは、その情動とともに動物に起こる行動を暗示している。また、基本情動の混合も派生情動と捉えられ、喜び＋受容は愛情、恐れ＋驚きは警戒、喜び＋恐れは自責、悲しみ＋怒りは不機嫌、喜び＋驚きは大喜び、期待＋恐れは不安となる。

情動の諸現象には特定の目標に向かって行動が触発される「動機づけ」が含まれる。空腹、渇きなどの生理学的欲求は、摂食や飲水などの動機づけ行動を誘発する。動機づけと情動が関連する例としては、食欲、性欲、集団欲などの要求が満たされたときの、快感や喜び、満たされない場合の不快感や悲しみなどとなる。

■動物に関する情動の研究

動物の低いうなり声、むき出された牙、今にも飛び出さんばかりの構えが何を意味しているかは明らかだと思える。動物がその「怒り」を主観的にどのように感じているかはわからないが、ヒトはそれを「怒り」の感情として述べることができる。

動物の鳴き声は、情動を伝える。甘えているのか、うれしいのか、おびえているのか、警戒しているのかなど人間が解釈している。その解釈が仮に妥当であったとしても、その情動が動物にとって機能的な意味があるかどうかは別問題である。

動物の情動が人間の解釈によらないことを主張するために、脳の特定部位を電気的に刺激して、周囲に怒りを誘発する原因がないにも関わらず、「怒り」モードが発動すれば、脳にその基盤があることが明瞭になる。

実際、ネコの視床下部と呼ばれている部位を電気刺激すると、「怒り」が誘発される。逆に、脳のある部位を抑制して「怒り」が収まることも証拠になる。抑制する方法としては、局所を冷やす、抑制を強める薬剤を用いるなどの方法がとられる。

■ヒトに関する感情の研究

動物の脳に電極を挿入して電気刺激するような実験は簡単にはヒトに適用できない。ただ、てんかんの治療のために外科的手術をすることがあり、そのついでに脳に電極を挿入して電気刺激する研究が行われている。それ以外では、fMRI、PET、SPECTなど非侵略的な方法（脳の手術をしない方法）での画像解析の結果から感情の研究がなされている。情動の主観的な側面である感情が身体の状態、特に内臓の知覚、自律神経系の活動に根拠の一端があることが、画像解析によってもたらされている。

図 47　情動の種類

まとめ　情動や感情は脳の特定部位とつながりその支配を受けている。食欲、性欲、集団欲などに伴う情動は快感や喜び、不快感や悲しみなどを誘発する。ネコの視床下部を電気刺激すると怒りが誘発され、局所を冷やすと抑制される。ヒトの感情に関する研究では、脳の画像解析の結果から、自律神経系の活動に根拠の一端があることがわかっている。

第52話　情動の身体的基盤は?

情動が発動している場合は、自律神経系の交感神経と呼ばれるシステムが強く働き、心拍数、血圧、呼吸、発汗などの生理的な変化として現れる。

■情動による内分泌系の変化

強い情動が発動している場合は、内分泌系の変化として現れる。それが、喜びのようなポジティブなものでも恐怖のようなネガティブなものでも「ストレス応答」として内分泌系に起こる。まず、脳の深部にある視床下部からコルチコトロピン放出ホルモン（CRH）というホルモンが分泌され、下垂体前葉に働きかけて、副腎皮質刺激ホルモン（ACTH）というホルモンが血液中に分泌される。ACTHは副腎皮質に働きかけ、糖質コルチコイド（グルココルチコイド）というストレスに対抗するコルチゾールというホルモン（ステロイドホルモン）が分泌されて、脳を含む全身の機能やこころに影響を与える。これがストレス応答である。ストレスは悪いものと思われがちだが、嬉しいこともストレスの一種である。

■情動がつくられる場所

中国の漢字の「心」は心臓の形をかたどったものとされている。感情が高まると、心拍数が上がり「どきどきする」状態となる。古代ギリシャ人は、心臓にこころがあると考えていたようである。また、肝臓や脳にこころがあると考えていた古代人もいたようである。

情動がつくられる場所に関して、末梢起源説と中枢起源説とがある。末梢起源説は、酒に酔うと気分が大きくなったり、女性が性周期に伴って気分が違うことなど、身体が反応していることを脳が判断して、情動体験が生まれるとした。一方、中枢起源説は、脳に端を発し、脳からの信号を末梢器官が受け取ることによって情動が生まれるとする。中枢起源説の根拠として、動物の脳と脊髄との間を切断して、感覚情報が脳に伝わらないようにして、それでも動物には情動が見られることを示した。

その後、末梢起源説と中枢起源説の両方を合わせた説も現れた。情動の成立には情動を引き起こす事象の認知だけでなく、それに伴う身体反応の認知も不可欠であるとされた。それを確かめる実験として、被検者にアドレナリンを投与し、怒りや喜びを誘う状態にした。その結果、アドレナリンを投与しない群に比べて、そのときの状況に応じて怒りや喜びをより強く表現した。つまり、脳は身体応答を生むが、その身体応答が脳自体にも影響を与え、脳は生体が置かれている状況を判断して怒りや喜びを感じるということになる。現代の脳科学もその説を支持している。

■**感情はなぜ必要か**

感情は生存確率を高めるためにあると考えられる。恐怖や不安という感情がなければ差し迫った危機に対処することができない。また、喜びがなければ報酬を得ることができない。報酬を得るには、それなりの障害を乗り越える必要が多いので、対価としての喜びによって行動を促す必要がある。

また、感情は意思決定にも大きな役割を果たしている。ヒトが行動を決定する場合には、合理的でないこともある。ヒトは理屈ではやらないほうがいいとわかっていることでもするし、とるに足らないと思えることもヒトの行動に大きな影響を与えることもある。これは、情動が理性を超えて行動を支配するからである。逆に、理性にのみ判断を任せていたら意思決定ができないこともある。いくつかの選択肢から何かを選ばなければならないとき、意思や論理で選んでいると思いがちであるが、そこに情動が関与しないことはあり得ない。本能的なものが意識下で働いており、この力は非常に強い。認知系が情動を支配するより、情動が認知系を支配するほうがずっと強い。難しい二者択一を迫られたときは、情動が理性を越えて影響を及ぼすことになる。私たちの人生は選択の連続である。どれが正しいかは後になってみなければわからないことが多い。そこで、意思決定の後押しをしてくれるのが情動というシステムである。もともと動物は、大脳皮質などの機能なしに行動を選んできた。情動は非常事態に行動を選ぶためのシステムとも言える。

まとめ　情動が発動していると自律神経系の交感神経が働き、心拍数、血圧、呼吸、発汗などの変化として現れる。また、内分泌系でストレスホルモンが分泌され、脳を含む全身の機能やこころに影響を与える。情動が作られる場所は末梢と中枢の両方が関与する。脳は身体応答を生むが、それが脳自体にも影響を与え、怒りや喜びを感じるということになる。

第53話 情動は脳のどこで生みだされるか？

情動は、脳の最も進化した部位である大脳皮質よりもやや進化的に古い大脳辺縁系で生み出されていると考えられている。大脳辺縁系は、大脳皮質よりも内側にあり、爬虫類が誕生してから発達した部位である。爬虫類以降の動物は、情動という機能を獲得することにより、生存に有利になったと考えられる。そして、ヒトを含む霊長類においては、大脳辺縁系が情動に関わるだけでなく、さまざまな部位に働きかけ、大脳皮質の前頭前野がそれを認識することで、完成した情動が得られる。さらに、前頭前野は情動の制御にも関わっている。

■扁桃体を中心とした情動に関わる部位

情動に関わる部位として最初に提案されたのが、**図48**の破線で示したパペッツの回路である。これは、海馬を出発して海馬に戻る回路で、現在では記憶に関わる回路とされている。これに対して、実線で示したヤコブレフの回路は、扁桃体→視床背内側核《はいないそくかく》→眼窩前頭皮質後方→側頭葉前方→扁桃体となる回路である。これは、扁桃体が情動に関わる中心となっていて現在の考えに近い。扁桃体が情動に関わる中心的な部位だとされたのは、扁桃体を切除されたサルの実験による。サルはヘビやクモへの恐怖反応を示さず、むしろそれらを手づかみして口にもっていく傾向、対象を選ばない食欲、性行動の異常を観察したことによる。

■情動と記憶との関係

パペッツの回路は記憶に関わる回路と述べたが、情動と記憶は非常に密接に関わっている。私たちは、日々感覚系から膨大な情報を受け取っている。そのすべてを記憶するとしたら、情報が多すぎて本当に必要な情報を見失う可能性がある。とても嬉しいことがあれば、長い時間が経ってもよく覚えているし、すごく嫌なことや恐ろしい体験もよく覚えている。それは、成功体験を再度経験する確率を高めたり、失敗体験を繰り返さないための脳のしくみである。

■情動の経路と認知の経路

感覚の情報は、大部分が視床を経由して大脳皮質で処理される。例えば、視覚は、網膜から視神経を経て、視床の一部である外側膝状体に伝えられる。ここで、シナプスを介して神経細胞を乗り換え、後頭葉の一次視覚野に伝えられる。聴覚、触覚、温痛覚も同様である。このように、視床は感覚系からの情報を集め、大脳皮質のそれぞれの感覚野に送り出す中継点の役目をしている。

視床が送り出す情報は大脳皮質だけではない。下等動物でも感覚系からの情報を脳の大脳辺縁系で処理している。大脳皮質が発達した高等動物であっても、このシステムは大脳辺縁系で機能している。つまり、感覚系からの情報は視床に集められた後、大脳皮質と大脳辺縁系の2つの経路に並列的に送られる。

大脳皮質に送られる経路は、感覚情報の精密な性質を解析するために使われる。視覚であれば、明るさ、形、周波数特性（色）、コントラスト、動きなどの情報を個別に処理して総合的な視覚情報を与える。

大脳辺縁系の経路は、扁桃体と海馬が主として働いて、情動的な面を処理する。大脳皮質の経路に比べておぼろげなイメージを処理しているに過ぎないが、それをさまざまな感情と結びつけている。感覚情報によって今自分を取り巻く環境が、逃げるべきか、戦うべきか、あるいは報酬を得られそうかを判断して行動を選んでいく。

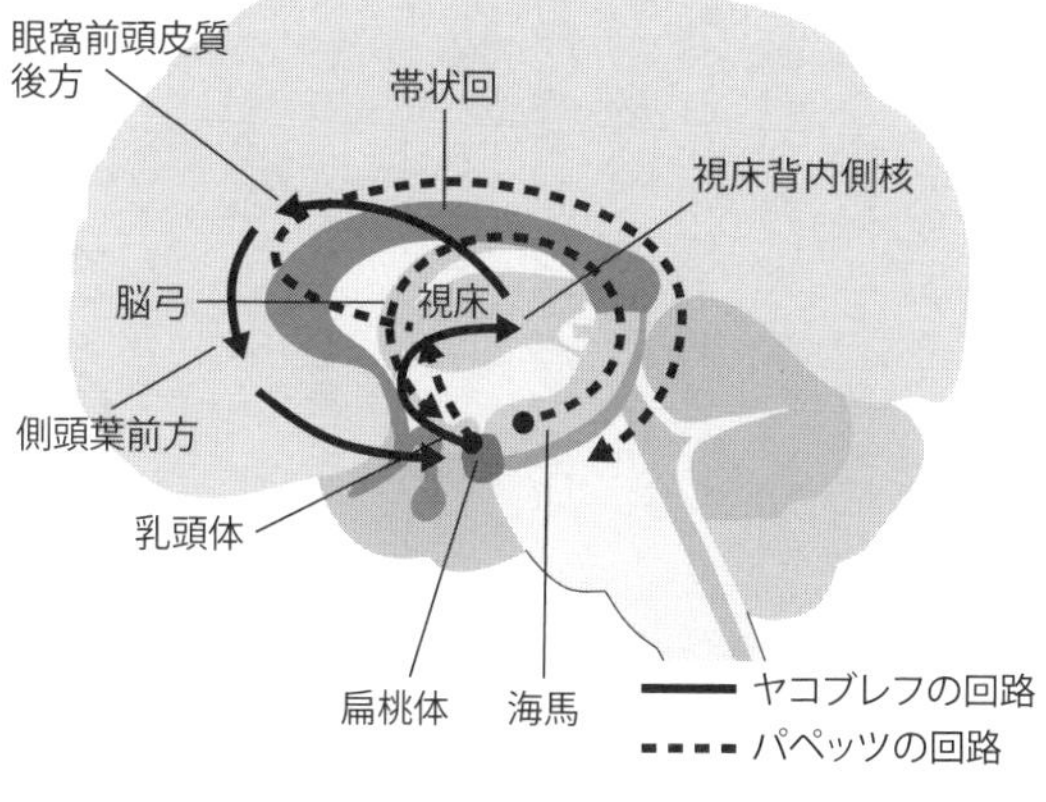

出典：櫻井武著『「こころ」はいかにして生まれるのか』ブルーバックス、2018

図 48　パペッツの回路とヤコブレフの回路

まとめ　情動に関わる部位として、大脳辺縁系の扁桃体から出発して視床、前頭葉、側頭葉を経て扁桃体に戻る回路が考えられている。私たちは嫌なことや恐ろしい体験をよく覚えているが、これは情動が海馬ともつながりがあり、私たちは記憶を通して情動に影響を与えているからである。また、大脳皮質の前頭前野が情動の制御に関わっている。

第54話　子の親への愛着はどのように形成されるか？

親子間のきずなの形成は、哺乳類や鳥類において子孫を維持するために不可欠である。このため、母親の養育行動はホルモンによって確実に誘導される。子どもの側でも、親のケアが受けられないとパニックになり、悲嘆にくれる。このように親子間の愛着形成は、生存と発達にとって根本的なものである。分離不安は、親子のきずなを強める。自閉症の子どもは分離不安が弱く、子どもの側から親子の絆を求める動機が弱い。また、幼少期に十分な愛着形成が得られなかった場合には、成人になってもストレスに弱いことが知られている。そのため、愛着形成がほとんど反射的に起こるようにされている。心理学的にも愛着形成が、認知機能の発達に必須であると考えられている。

■新生児の顔認識

社会的な関係を形成するうえで、他者の認識は基本的な能力である。さまざまな動物が個体を視覚や嗅覚や聴覚で識別している。自発的に動くものに対する興味が発達のごく初期から動物やヒトに備わっている。

生後1か月の赤ちゃんに顔の特徴を持った図形を動かすと、目や頭はその動きに追随する。しかし、静止図形を見せてもほとんど反応しない。これは視力が十分発達していないためである。ところが、生後2か月の赤ちゃんに顔の特徴を持った図形を見せると、じっと見つめるが、目、鼻、口の要素をでたらめにした図形だとあまり興味を示さない。

これらの結果から、脳に顔の特徴を抽出する機構が遺伝的に備わっているとは判断できない。胎児の段階で、目や口を開けたり、手をしゃぶったり、動きや触覚としての自分の顔は知覚している。あるいは、わずかの期間の視覚体験で学習したのかもしれない。

このような新生児の顔認識は、母子分離され顔をまったく見ないで育ったヒヨコや子ザルでも同様な傾向がある。ヒヨコは顔の図形のそばにいることを好むし、子ザルはサルやヒトの写真の顔に注目した。また、母子分離された子ザルに、針金で作られた母もどきの人形と、タオルでくるまれたぬいぐるみ状の人形を用意したところ、ぬいぐるみ状の人形にしがみついて過ごすことを好んだという。

■初期の愛着形成のつまづき

同種の個体の顔の認識、生物らしい動きの認識、鳴き声や匂いなどが、生まれたばかりの個体に備わっている。これらは、愛着形成につながる手がかりである。

最近の研究では、ラットの母親の養育行動と子ラットが成体になり、ストレスにさらされたときのもろさとの間に因果関係があることが示された。ラットの母親の養育行動は、哺乳類に生まれつき備わっている行動である。生まれた子どもの身体をなめ、さする、腹の下に子ラットが入り込んで乳を飲みやすいようにする、また巣から迷い出たら連れ戻すなどである。しかし、ずぼらな親もいて、こうした行動を適当にやる個体もいる。そこで、面倒見の良い母親とずぼらな母親の2群を用意し、成体（１００日齢以降）に達したときのストレスに対する応答を調べた研究がある。20分間出口を閉じた管の中に拘束し、ストレス応答の指標である血液中のコルチコステロンの量を調べる。面倒見の良い母親に育てられるほどストレス応答が低かった。この出生直後の親の面倒見の良さは、生後6日までが重要であった。ずぼらな母親から生まれても、面倒見の良い里親に育てられた場合は、ストレスは低かった。

このような因果関係は人間にも同様にあり、幼少期に虐待体験を持つ人が、その後自殺をしたケースでも同様な神経基盤を持つことが確かめられている。

■愛着障害と発達障害（ＡＤＨＤ）

愛着障害とＡＤＨＤとは見分けがつきにくいそうである。表面上はよく似ている両者を含む子どもについて、カードめくりをさせて当たりが出るとお小遣いが１５０円か３００円もらえるという実験をした。普通に発達した子どもはお小遣いの量に関わらずドーパミンが出て脳の血流が増加した。ＡＤＨＤの子どもはお小遣いの量が多くないとドーパミンが出なかった。愛着障害の子どもはお小遣いの量が多くてもドーパミンが出なかったという。小児期の虐待により脳脊髄液のオキシトシン濃度が下がっているのが原因である。

まとめ　親子間のきずなの形成は子孫を維持するために不可欠である。母親の養育行動はホルモンによって誘導され、子どもは親のケアが受けられないとパニックになる。分離不安は親子のきずなを強めるが、自閉症の子どもはそれが弱い。母親の面倒見の良さと子どものストレス応答の関係を調べると、面倒見の良い母親に育てられるとストレス応答が低かった。

第55話 愛着を形成する脳内物質はどのように働くか？

哺乳類において、ホルモンのバゾプレッシンやオキシトシンは、繁殖や子育てに重要な機能を果たしている。ホルモンとは、脳下垂体、甲状腺、生殖腺などで作られ、血液に乗って全身に運ばれ、身体の機能を調節する生理活性物質である。バゾプレッシン、オキシトシンは似ており9個のアミノ酸が結合したペプチドホルモンである。これらのペプチドホルモンが細胞に作用を及ぼすために、細胞にそのホルモンの受容体となるタンパク質が必要である。受容体は細胞膜上に存在し、ホルモンが受容体に結合すると、細胞内に情報伝達が起こり、遺伝子の発現を促す。

■一夫一婦制とホルモン

哺乳類で一夫一婦制をとるのは、全体の3～5%である。つがいが固定している場合、両親が協力して子育てをする場合が多い。小型霊長類のコモンマーモセットでは、父親も子をおぶり、餌を与え、外敵から守り、子と社会的に関わる。一夫一婦制をとる動物でも、つがい相手以外とセックスをする例がある。つがいが固定している動物の神経基盤の研究が行われ、バゾプレッシンとオキシトシンがつがい形成に大きな影響を与えていることがわかった。

■つがい形成を促進するしくみ

バゾプレッシンやオキシトシンはそれぞれ細胞膜上の受容体と結合して、細胞外の信号を細胞内に伝える。つがいが固定している種において、オキシトシンの受容体が側坐核《そくざかく》と呼ばれる脳の部位で高い頻度で発現している。同様に、バゾプレッシンの受容体が腹側淡蒼球で高い頻度で発現している。これらのホルモンがつがい形成を促進するかどうかを確かめるために、これらの部位での受容体の発現を抑える薬剤（アンタゴニストと呼ぶ）を側坐核や腹側淡蒼球に細い管を通して送り込むと、オキシトシンのアンタゴニストは雌の、バゾプレッシンのアンタゴニストは雄のつがい形成を妨げた。

さらに、つがい形成をしない種に、これらのホルモンの受容体の遺伝子を導入すれば、つがい形成をするという仮説で実験が行われた。つがい形成をしない種の性経験がない若い雄の腹側淡蒼球にバゾプレッシン受容体遺伝子を導入した。導入後、交配した雌と一緒に過ごした時間を計測した。つがい形成をしない種では、せいぜい10分程度身を寄せ合うだけだが、バゾプレッシン受容体遺伝子を導入した雄は40分も身を寄せ合った。

■母性行動を促進するオキシトシン

基本的に、母性行動はオキシトシン、父性行動はバゾプレッシンが促進するように機能している。オキシトシンは脳の視床下部で合成され、一部は脳に直接作用し、別の一部は下垂体後葉から血液中に放出され、出産時の子宮の収縮、乳汁の分泌を促す。脳に直接作用する部分は、視床下部で合成された後、神経細胞の軸索にそって、扁桃体、側坐核、海馬に到達し、シナプスを介して働きかける。これにより、巣作り、子どもへの接近、なめたり、さすったり、母乳を飲みやすいように子を腹の下に抱え込むなどの行動をとる。こうした行動は、出産経験のない雌マウスの脳内にオキシトシンを注入しても起こる。逆に、オキシトシンの受容体の機能をブロックする薬物を側坐核に注入すると、これらの行動が抑制される。

■オキシトシン遺伝子がないマウスの攻撃性

オキシトシン遺伝子を除去したマウス（オキシトシン・ノックアウト型マウス）を人為的につくると、通常の飼育環境では野生型と変わらなかったが、ストレスをかけると顕著な違いが現れた。

野生型とノックアウト型の雌を初めは餌を自由に食べられる環境に置くが、その後１匹だけが食べられる小さなスペースに餌を置くと競争が起こる。３日目からいがみ合いが始まり、ノックアウト型マウスはどの相手にも攻撃をしかける。野生型マウスも攻撃するが、それは半数以下である。

生後３日の子マウスを雌マウスの前に置くと、野生型マウスは半数が自分の巣に運んで母性行動をとるが、ノックアウト型マウスは１００％攻撃し、かみ殺した。

まとめ　哺乳類においてホルモンのバゾプレッシンやオキシトシンは繁殖や子育てに重要な機能を果たしている。母性行動を促すオキシトシンは視床下部で合成され、扁桃体、側坐核、海馬に到達し、シナプスを介して働きかける。これにより、子どもへの接近、なめたり、さすったり、母乳を飲みやすいように子を腹の下に抱え込むなどの行動をとる。

第56話 情動に対する報酬系の働きは？

ラットの脳の中隔《ちゅうかく》という部位に電極を挿入して、ラットがレバーを押すと、電気刺激が与えられるようにセットすると、ラットはレバーを押し続けたという。このラットに絶食させてから餌を与えても、無視して眠ることもせずにレバーを押すことだけを続けたという。この実験が脳内に「報酬系」と呼ばれる機能の発見のきっかけとなった。

ヒトにおいても、中隔に電極を埋め込んで刺激を与えたところ、自己刺激をもたらすボタンを押し続けたという。

■報酬系の脳内回路

報酬系で働く最も重要な物質はドーパミンである。覚醒剤など多くの依存性物質は、ドーパミンの機能を高める。だからやめられなくなる。

ドーパミンは、中脳の腹側被蓋野にあるドーパミン作動性神経細胞によってつくられる。この神経細胞は、前頭前野、前帯状回、扁桃体、海馬、側坐核に軸索を伸ばしている。ドーパミンが前頭前野や前帯状皮質に放出されると「気持ちがいい」という快感が生まれる。ドーパミンが側坐核という部位に放出されると、その放出に至る原因となった行動が強化される。報酬系では、このイベントが最も重要である。一度、ドーパミンが側坐核に放出されると、原因と考えられる行動がもたらす快感に抗しきれなくなり、動物もヒトもそれを止めることができなくなる。

腹側被蓋野のドーパミン作動性神経細胞は、脳内のさまざまな領域から軸索による入力を受けている。特に重要なのは、**図49**に示すように、前頭前野から腹側被蓋野《ふくそくひがいや》に至る内側前脳束《ないそくぜんのうそく》と呼ばれる経路である。前頭前野で「報酬を得た」という認知があった場合、内側前脳束を情報が伝わり、腹側被蓋野のドーパミン作動性神経細胞が興奮すると考えられている。ラットなどの実験では、この経路の途中にある中隔という部位を刺激したため報酬系が作動した。

■脳が感じる報酬

脳が生まれつき報酬と感じるものに、食物や異性との交配がある。これらは、自分を存続させ、あるいは自分の遺伝子を子孫に残していくためのものである。これらは、基本的欲求と呼ばれているもので、これを報酬ととらえる生物が進化的に生き残ってきた。しかし、私たちはそれ以外にも、報酬と感じるものを学習するシステムを備えている。報酬系とは、学習能力の高い、書き換え可能なシステムである。

私たちは、ある行動を行った結果、ドーパミン作動性神経細胞が興奮し、側坐核にドーパミンが分泌されると、その行動を好み、やめられなくなる。前頭前野で「主観的な快感」を得たから、何かの行動に走るのではなく、側坐核が快感の元になる信号を受け取るとその行動に走るようになる。このように、主体的な快感と行動の強化とは別々の経路で起きている。

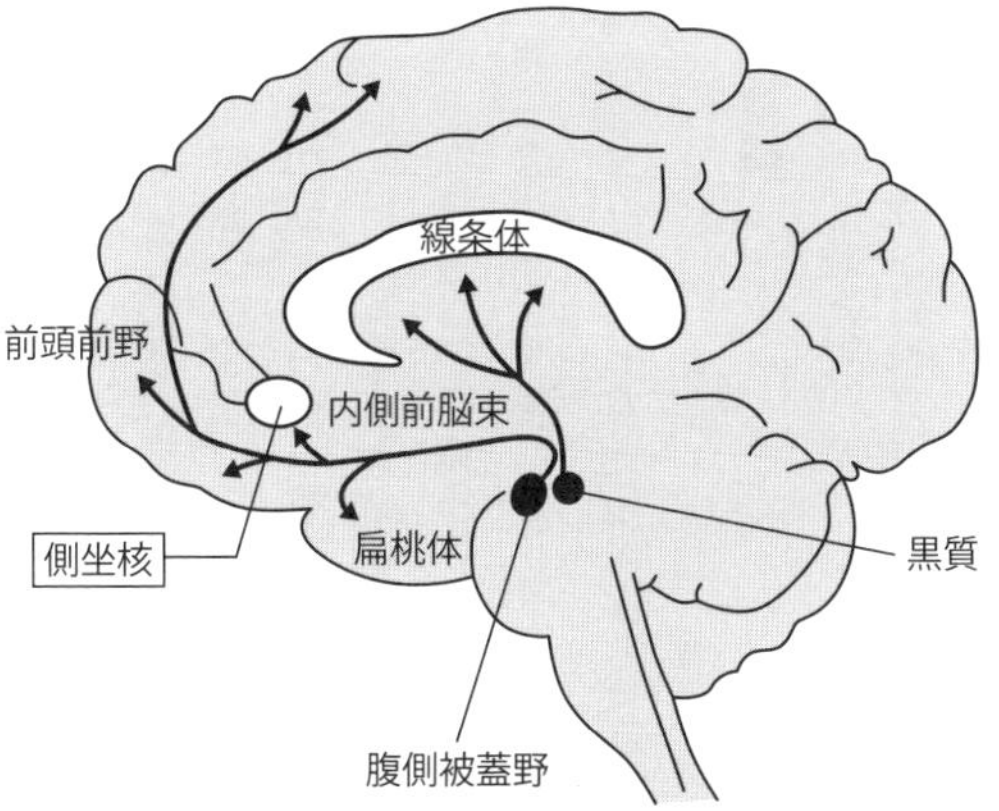

出典：櫻井武著『「こころ」はいかにして生まれるのか』ブルーバックス、2018

図 49　ラットにおける報酬系の神経回路

■脳が感じる大きい報酬とは

脳が大きく感じる報酬は、意外性である。スポーツやゲームにおいて、勝てると思っている相手に勝てても大して嬉しくないが、強い相手に勝ったときの喜びは大きい。ギャンブルでも同じで、負ける可能性が高くてもたまに勝てるから、多くの人はギャンブルを止められなくなる。

脳が大きく感じる意外性は、予測誤差によって測られる。20という報酬を予測していたとき、実際には50という報酬が得られると、ドーパミン作動性神経細胞がより強く興奮する。これが高揚感を生むが、それはドーパミンが前頭前野に伝えられた結果である。

まとめ　報酬系での重要な物質はドーパミンで、腹側被蓋野にあるドーパミン作動性神経細胞で作られる。この神経細胞は、前頭前野、前帯状回、扁桃体、海馬、側坐核に軸索を伸ばし、ドーパミンが前頭前野などに放出されると快感が生まれる。側坐核に放出されると、原因となった行動が強化される。生まれつき報酬と感じるものに食物や異性との交配がある。

第57話　虐待が脳の発達にどのような影響を与えるか？

近年、親の子どもへの虐待が報道されることが多くなり社会問題となっている。虐待が疑われているのに児童相談所が適切な対応をしなかった点が強調されている。しかし、虐待する親から子どもを隔離すれば問題が解決するわけではない。子どもの多くはそんな親でも一緒に生活することを望む。不幸な子どもを減らすためには、親を罰することより、親子の関係を改善して、子どものこころや身体を傷つける可能性のある行動を正していくことである。

■虐待の種類

殴る、蹴る、たたく、やけどを負わせる、溺れさせるなど身体的な虐待がある。親はこれらをしつけと言い張ることがある。また、性交の強要、性器への接触、性器を見せることなどの性的な虐待もある。年齢が低い場合は本人が性的な虐待を受けていることを気づかない場合もある。また、食事をさせない、お風呂に入れない、洋服を着替えさせないなど子どもが成長するために必要なことをしないのも虐待の一種である。お前は生まれてこなければよかった、何をやらせてもだめだ、などという言葉を子どもに言うなどの精神的な虐待もある。DVの現場を子どもにみせることも虐待の1つである。

■愛着障害

小さいときに虐待を受けることによって正しい親子関係が結べないと、その後適切な人間関係を結べなくなる愛着障害を起こす。愛着は人間の赤子が生き延びるために必要不可欠なものである。愛着障害を起こすと、対人関係の中で適切な反応をすることができない。相手がやさしく接してくれているのに腹を立てたり矛盾した態度を示すことがある。小さいときに愛情を示してもらえず、他人を信用できなくなったためと考えられている。子どもの時期に愛着障害があると、その後の人間関係に歪が生じる。相手の好意に対して無関心や怒りで返せば、相手は不快に感じ、そんなことが続くと、孤立してしまう。無条件に相手の言うことに従う場合もあるが、そんな無理は相手との間に壁を作ることになり、結局相手と疎遠になる。思春期には対人関係でつまずき、いじめ、非行、少年犯罪などの問題を起こしやすい。

■虐待による脳の変化

子どもの脳は身体的な経験を通して発達していく。この重要な時期（感受性期）に虐待を受けると、厳しいストレスの衝撃が脳の構造自体に影響を与える。子ども時代に虐待を受けると、大脳辺縁系の扁桃体が過剰に興奮し、多量のストレスホルモン（コルチゾール）が分泌される。その結果、コルチゾールは海馬や前頭前野などの発達にダメージを与える。虐待経験のある精神疾患患者に側頭葉てんかんの症状が見られることがある。その症状は、記憶障害、性格変化、妄想や幻覚などである。側頭葉てんかんでは、海馬や扁桃体の機能に異常が出ると言われている。発作時には海馬や扁桃体で電気信号の嵐といった状態になる。けいれん、しびれ、めまい、吐き気、幻覚や妄想などの症状が起きる。

■海馬の変調

脳の中でストレスと最も関係している領域が海馬である。子どものころに虐待を受けたＰＴＳＤ（心的外傷後ストレス障害）の患者のＭＲＩ検査では、左半球の海馬が健康な人に比べて平均12％小さく、虐待を受けた期間の長さに比例してより小さくなっていた。しかし、右半球の海馬は正常であった。海馬の感受性期の研究によると、3～5歳ごろに受けた虐待が最も海馬の大きさに影響を与えることがわかっている。幼児期の虐待は非常にゆっくりと海馬に影響を与え、それが形となって現れるのは思春期以降と考えられる。ほとんどの神経細胞は胎児のときに完成している。しかし、海馬は発達がゆっくりで、生まれた後も成長し続ける数少ない領域の1つである。虐待による海馬の変化の原因はストレスホルモンのコルチゾールである。コルチゾールはストレスに反応して分泌され、交感神経を刺激して身体の緊張状態を保ち、怪我のときは炎症を抑え、病気のときの免疫作用を抑えて危機的状態における活動エネルギーを確保するように作用する。しかし、コルチゾールが慢性的に分泌されると、脳内に入って神経系の細胞にダメージを与える。海馬にはコルチゾールの受容体が多くあるため特にダメージを受けやすい。

まとめ　虐待により適切な人間関係を結べなくなる愛着障害を起こす。また、扁桃体が過剰に興奮するようになり、ストレスホルモンのコルチゾールが分泌される。その結果、コルチゾールは海馬や前頭前野などの発達にダメージを与える。子どものころに虐待を受けた人は、左半球の海馬が健康な人に比べてかなり小さくなり、思春期以降に影響がでる。

コラム7　ADHD（注意欠陥／多動性障害）

注意欠陥／多動性障害は、不注意や多動性の症状を持つ行動障害である。不注意には、簡単に気をそらされる、ケアレスミスする、物事を忘れる、1つの作業に集中できないなどの症状がある。多動性には、じっと座っていられない、絶え間なく喋る、黙ってじっとし続けられないなどの症状がある。

年齢が上がるにつれ多動は減少するため、成人になると改善されると考えられていた。近年は大人になっても残ると理解されている。その場合、言動に安定性がない、感情が先行しがち、会話で話が飛躍するなどの衝動性やシャツをズボンに入れ忘れる、ファスナーを締め忘れるなどの集中力の欠如によるミスが頻発する。

◎ ADHDの原因

決定的な原因は不明とされている。ADHDの遺伝要因は約76%で、ADHDの子どもの兄弟は、そうでない子どもの兄弟より3倍から4倍ADHDになりやすい。抑制や自制に関する脳の神経回路が発達の段階で損なわれているらしい。機能不全が疑われている脳の部位は3か所あり、ADHDの子どもたちはこれらの部位が有意に縮小している。「右前頭前皮質」に関しては、注意をそらさずに我慢すること、自意識や時間の意識に関連している。「大脳基底核」の尾状核と淡蒼球に関しては、反射的な反応を抑え、皮質領域への神経入力を調節する機能に関係している。「小脳虫部」は動機づけに関連している。動物実験では、前頭連合野内のドーパミン量の変化がさまざまな認知機能に障害を生じさせることがわかっている。

◎治療

薬物療法として、メチルフェニデート製剤が用いられる。この成分には、神経細胞間のシナプス間隙に放出されるドーパミン量を増加したり、ドーパミントランスポータによる再吸収を阻害する作用がある。ただし、最適量を用いないと効果が薄いし、これは根治を目指すものではない。専門医の指示の下で行うべきで、心理行動療法に効果がなかった場合に使うことが望ましいとされている。

ADHDの認知行動療法では、本人の症状・年齢・環境などに応じて、認知行動的介入、行動的介入、認知的介入を行う。内容は、ソーシャルスキルトレーニング、問題解決法、セルフトーク、葛藤解決などである。

第8章　性格と脳

私たちの性格は何らかの形で親のものを受け継いでいる。これには情動などをつかさどる扁桃体や海馬など大脳辺縁系が関与している。本章では、性格は生まれつきかどうか、外向性と内向性の性格の特徴、左脳と右脳の役割と性格との関係などについて述べる。さらに、性格は変えられるかどうか、変えられるとしたらどのように変えるかについて述べる。

第58話 性格は生まれつきか?

年をとるとよく親に似てきたと言われる。涙もろくて怒りっぽい傾向、背格好、髪のはげぐあいまで父親にそっくりだと言われることがある。性格は生まれつきのものだろうか?

新生児をよく観察すると、動きが大きい/小さい、積極的/消極的、人見知りしない/人見知りする、耐える力が強い/感受性が高いなどの特徴がある。新生児でもすでに明らかな違いがあることから、遺伝的なものがそこにあると考えるのは当然である。

■性格に関する一卵性双生児の研究

性格に関して、一卵性双生児同士と二卵性双生児との比較研究がイギリスで行われた。それによれば、一卵性双生児同士の場合は、同居と別居を問わず知能に関する相関係数が+0・76程度と大きいのに対し、二卵性双生児では相関係数が+0・51と小さくなる。内向性や外向性および神経症的傾向に関わる比較では、別居の一卵性双生児がそれぞれ+0・61と+0・53であるのに対し、同居の一卵性双生児ではそれぞれ+0・42と+0・38と小さくなる。また、二卵性双生児では、内向性や外向性および神経症的傾向は+0・17と+0・11とさらに小さくなる。この結果は、気質的な性格は遺伝の影響を強く受けることがわかる。また、同居に比べて別居の一卵性双生児が相関係数が高いのは、同居すると兄弟間で葛藤が生じて、どちらかが優位に立ち他方が従属的になる結果を反映したと考えられる。さらに、別居の一卵性双生児では相関係数が大きいのは、生まれつき持った性質がそのままの形で出たものと思われる。

■性格に及ぼす環境の影響

施設などで育てられた子どもたちの表情が乏しく、不活発な性格の子どもたちが多く見られることから、性格に及ぼす環境の影響があるのは確かであろう。先に述べた一卵性双生児の気質が同居と別居で違っていたことも環境の影響があることを示している。ところが、性格に及ぼす環境の影響の研究を人為的に設定するのは困難なためにあまり行われていない。

そこで、性格に及ぼす環境の影響を調べるために、サルを用いたエピジェネティクスな研究が行われた。エピジェネティクスとは、遺伝子が同じでも環境によって遺伝子の一部が装飾され、遺伝子の発現の仕方が変わることをいう。同じ遺伝子を持った双子のサルについて、母親と育ったサルはアルコールにも興味を示すことがなく、性的な攻撃性も強くなかった。ところが母親がいなかったサルは、ストレス耐性が弱く、攻撃的でかつアルコール依存の傾向を示した。

■性格の先天性と後天性を考える文化の違い

性格は遺伝によって相当な部分が決まるが、環境にもかなり影響を受けるというのが大方の理解である。しかし、どちらかにウエイトを置くかは文化によってかなり違う。例えば、アメリカでは後天的部分が強調されるが、ヨーロッパでは先天的な部分が強調される。アメリカでは、環境によって変わる部分が大きいから、うまく変えられた人が成功するという考えが開拓者精神として受け継がれている。一方、長い歴史と文化を受け継いでいるヨーロッパでは、変わらない部分が強調される。

■日本における一卵性双生児の研究

同居の期間が1年程度と短い80歳になる一卵性双生児の研究が行われた。その結果、性格は無口、短気、強情、世話好き、負けず嫌いなど多くの点で一致した。ただ好きな動物や食べ物の好みは違っていた。一方、才能においては、器用さの点で大きな違いがあり、趣味の広さも違っていた。これらの結果から、性格の中でも気質的な点の多くは先天的に決まるのに対し、知的な部分では不一致が増えてくる。したがって、知的な部分は後天的に獲得したものが多いと考えられる。

■先天的および後天的に獲得する性格に関する脳の部位

性格のうち感情、衝動、気分など気質的な部分は先天的に決まると考えられるが、これには情動などをつかさどる扁桃体や海馬など大脳辺縁系が関与している。私たちは努力しても自分の気質は変えられない。一方、思考、知能など知的な部分は大脳皮質の前頭前野が関与していて、後天的に獲得することができる。

まとめ　性格に関する一卵性双生児の研究では、感情、衝動、気分など気質的な性格は遺伝の影響を強く受けることがわかっている。これには情動などをつかさどる扁桃体や海馬など大脳辺縁系が関与している。しかし、思考、知能、趣味、器用さなど知的な部分は主として前頭前野が関与し、後天的に獲得する要素が大きい。

第59話 外向性と内向性の性格の特徴は？

心理学者のユングは、心的エネルギーが主として外部に向かい、外部からの刺激に影響されやすいタイプの人を外向性、心的エネルギーが主として内部に向かい、自己に集中しやすいタイプの人を内向性とした。

外向性の人は、客観的状況を基準にものを考え、決断する。外界に価値を求め、外的状況が要求する方向に生きようとする傾向が強い。財産、名声、権力などに価値を見出し、社会的に承認されることを求め、社交的で容易に友人をつくり他人を信頼する。物質的活動を好み、環境変化にもよく対応し、如才のない積極的な生き方をする。情動は起こりやすいが、あまり深くはならない。制約されることを嫌い、意欲的に何でも手を出すが不注意な面もある。

内向性の人は、行動や決断は主観的な要素に規定される。内気で引っ込み思案、思慮深いが、自分を外に向かって表現することが苦手である。閉鎖的で、心の内をあまり他人には明かさない。

人間は自分の考えが最も正しいと思いがちなものだが、ユングが人間の性格にまったく違う2つのタイプがあることに気づいたのは、人間理解に役立つ発見で、以降の人格研究に大きな影響を与えた。

■両向性格者

内向型と外向型の区別は相互に相容れない関係にあるが、近年の形質理論は、連続的なパーソナリティーを考える。両向性格者は、集団および人との相互作用において適度に心地よさを感じるのみならず、人ごみから離れて独りで時間を過ごすことをも愉しむ。両向性格者とは、その場に応じて振る舞い方を変化させる人である。

■外向性および内向性と脳の働きとの関係

心理学者のアイゼンクは、内向性のほうが大脳皮質で作られる条件反射が速く起こることから、内向性のほうが大脳皮質の作業能力が高いと考えた。誰にでも脳の活動の適正水準というものがあるが、最適水準よりも高い水準で普段活動している人と、最適水準よりも低い水準で普段活動している人とがある。内向性の人が前者で、外向性の人が後者である。したがって、内向性の人は最適水準よりも高い現在の活動水準を下げようとして静かな環境を求める。外向性の人は最適水準よりも低い現在の活動水準を上げようとして活発な活動を求める。

このことを大脳皮質と皮質下（大脳辺縁系と脳幹）との関係からみると、内向性の人は大脳皮質の働きが相対的に活発で、外向性の人は皮質下の働きが相対的に活発だということになる。大脳皮質は自我や超自我の働きを、皮質下は本能的な生命のエネルギーを担っているとすれば、内向性の人は自我や超自我の働きが強く、外向性の人は本能的な生命のエネルギーの働きが強いということになる。

■外向性の人と内向性の人の特徴

外向性の人は、大脳皮質の目覚めの程度は最適状態よりも低い。それで、外向性の人の感受性が低い反面、環境の変化に対応する力は強く、むしろ変化を好む。外向性の人は活動水準を上げるために刺激を求める。また、大脳皮質の制御が弱いために、罰に対する感受性は低い。それで、カンニングや交通違反の件数は、大脳皮質の制御が強い内向性の人に比べて多い。罰に対する感受性の低さは、自分の行動に対する批判は気にせず、活動を求める傾向と相まって、社交性という外向性の特徴を生み出していく。外向性の人は報酬があれば、積極的に動く。挑戦的であり、失敗を恐れない。

内向性の人は、大脳皮質の目覚めの程度は最適状態よりも高い。そのため、内向性の人の感受性は高いが、環境の変化に耐える力は弱い。目覚めの程度を下げるため、一人で静かな環境にいることを好む。内向性の人は報酬があっても、行動することにより生じる罰（リスク）を恐れて行動しようと思わない。内向性の人は、超自我の強さは他人の目を気にするという社会性の高さを生み出していく。このように、アイゼンクは社会性と社交性を区別している。内向性の人は覚醒レベルが高い状態にあるが、アルコールを摂取することにより、覚醒レベルは格段に低くなる。内向性の人がアルコールを摂取すると、外向的になるのはこのためである。

まとめ　外向性の人は外的状況が要求する方向に生きようとし、内向性の人の行動や決断は主観的な要素に規定される。外向性の人は皮質下（大脳辺縁系と脳幹）の働きが相対的に活発で、内向性の人は大脳皮質の働きが相対的に活発である。外向性の人は本能的な生命のエネルギーの働きが強く、内向性の人は自我や超自我の働きが強い。

第60話 左脳と右脳の役割と性格との関係は？

性格は相対的なものであるが、同時に時間とともに変動するものでもある。このことは自分の日常生活を振り返ってみればわかるはずである。すごく外向的でおしゃべりを楽しむときもあるし、すっかり落ち込んで弱気になり、内に引っ込んでしまうときもある。

人の性格にはこのような変動があるのは当たり前であって、それで精神的な健康が保たれているとも言える。不健康な人とは、むしろ1つの性格の状態が長く続き、切り替えられない人である。性格反転説はヨーロッパで生まれたが、このような観点から人の動機づけを考えようとする。

■性格の反転説

性格の交代がどの程度の時間で起こっているかは人によってさまざまだが、反転説では比較的長い時間続く性格をその人の性格と捉えている。性格に反転現象があるとすれば、また利き脳が脳の性格だとすると、利き脳にも反転現象があることになる。15分ごとに左脳を測る言語検査と右脳を測る非言語検査を行い、どちらの成績が良いかで利き脳を測定できる。その結果、脳のどこかにスイッチがあり、利き脳は1時間半ごとに切り替わっていることがわかった。

この1時間半という間隔は大学の1コマの授業時間単位で、利き脳の交代を考えると合理的である。また、睡眠中のレム睡眠とノンレム睡眠の交代も1時間半である。レム睡眠とは深い睡眠であるにもかかわらず、脳波や身体の状態があたかも目覚めているかのようにみえる睡眠期のことである。このとき人はよく夢をみるが、これは右脳が活発に働いているからと考えられている。一方、ノンレム睡眠のときは脳波も身体も睡眠状態にあるが、このときは左脳が活発になる。

■利き脳の交代と性格

睡眠中にせよ、昼間にせよ、利き脳の交代はどのように起こるのだろうか。これについては、外向性と内向性の違いが大脳皮質と皮質下（大脳辺縁系と脳幹）の働きの相対的な強さの違いであることを考えると、脳の切り替えスイッチがどちらかの働きを強くするように働くことになる。普通スイッチは無意識的に働くが、意識的にスイッチを切り替えることも可能である。例えば自己批判的にものごとを考えるか、自己肯定的に楽観的に、身体が感じている要求のほうに注意を向けるかによって、スイッチの切り替えは可能である。

では、利き脳の交代と関係するスイッチはどこにあるのだろうか？　この切り替えが、無意識的に働く場合と意識的に働く場合があることは、外向性と内向性の切り替えと同様である。そうなると、利き脳と外向性と内向性の切り替えとは密接に関係していると考えられる。さらに、強い外向きは右脳利き、強い内向きは左脳利きという実験結果もある。

■注意の向け方による大脳半球の働きの違い

外向性と内向性の違いは、注意の向ける対象の違いと考えることができるので、それが左右の大脳半球の働きと関係すると考えられる。対象のある部分に注意を集中させる選択的注意と関係するのが左脳である。注意を全体に向け、注意を維持する働きは右脳である。注意と関係した左右の脳のこのような働きは、外向性、内向性の特徴とも対応している。注意の働きはまた、大脳皮質と皮質下（大脳辺縁系と脳幹）の働きの相対的な関係によって左右される。皮質下からの刺激によって大脳皮質がまだ強く興奮していないときは、右脳の拡散的な働きが優勢になる。他方、大脳皮質が強く興奮した状態では、左脳の集中的な働きが優勢になる。

このように、大脳皮質、皮質下の働きと左右の大脳半球の働きは関係しているので、スイッチのしくみも同じと考えられる。スイッチの無意識的な切り替えでは大脳皮質と皮質下のしくみが働き、意識的な切り替えでは左右の大脳半球の働きが前面に出ると推定される。

まとめ　性格は相対的なものであるが、時間とともに変動するものでもある。性格の反転説では、1時間半ごとに外向きと内向きの性格が変わり、右脳と左脳の利き脳も切り替わる。外向性と内向性の違いは、注意の向ける対象の違いとも言える。皮質下の刺激が優勢なときは右脳の拡散的な働きが優勢で、大脳皮質が興奮すると左脳の集中的な働きが優勢になる。

第61話 性格は変えられるか？

アメリカのワシントン大学医学部教授で精神科医のロバート・クロニンジャーは、遺伝的影響の強い性格として、新規探索型と損害回避型に大きく分ける。これらは気質的な性格である。

新規探索型は探求心、衝動性、浪費癖、秩序の無視の傾向があり、今までに述べた外向性にほぼ相当する。一方、損害回避型は悲観、リスク回避、人見知り、疲れやすさの傾向があり、今までに述べた内向性にほぼ相当する。クロニンジャーは、これらの性格因子をドーパミン、セロトニン、ノルアドレナリンなどの神経伝達物質の分泌傾向と関連づけて説明した。

■自分の性格の傾向を知って対処する

新規探索型と損害回避型の性格は遺伝的な要素が強いと言っても、変えられないわけではない。自分の性格の傾向を知って、それがマイナスの結果になった経験があれば、それを生かして修正することは可能である。例えば、新規探索型で、探求心が旺盛だが衝動的で秩序を無視して突っ走ってしまう点を抑えることは可能である。また、損害回避型で、慎重に判断し行動するのは良い点だが、悲観的にものごとを考えるために決断すべきときに一歩前に踏み出せない。そういう自分の傾向を知っていて、意識的に前に踏み出すこと考えて行動すれば結果がついてくる。そのような成功体験があれば次の似たような状況に対処できる。そういう体験が積み重なれば性格もしだいに変わっていく。

■環境的影響の強い性格

クロニンジャーは環境的影響の強い性格として、上昇志向と人との協調性を挙げている。環境的影響の強い性格を変えるのは比較的容易である。

■上昇志向の性格（自立心）

自立心の強い人は、どんな問題も自分一人で乗り切ろうとし、失敗しても自分で責任を負おうとする。人を引っ張っていくリーダータイプだが、わがままな面も持っている。逆に、自立心の低い人は依存心が高く、他人の判断をあてにする。自立心の強い人と依存的傾向の強い人がいて社会が円滑に機能する面もある。結婚を機に自分の役割を見直す機会になる。人についていくタイプの男性がおとなしい女性と結婚すると人を引っ張るタイプに変わらねばならないし、逆に女性のほうが引っ張っていくタイプに変わるかも知れない。

■上昇志向の性格（がんばる力）

目標に向かう姿勢や取り組み方の違いは、その人がたどってきた環境や経験に左右される要素が大きい。目標に向かう姿勢の違いは、競争相手がいるかどうかや自分が理想とする人が身近にいるかどうかが大きく作用する。身近に成功モデルがあると、仕事や勉強に向かう姿勢も変わる。給料や昇進など目の前にある報酬によってもがんばる力は変わる。

自分はがんばる力が不足していると思ったなら、自分で目標を設定したり、目標を目指すために必要な環境を自分で用意すれば、目標に向かう推進力が大きくなる。つまり、目標に向かってがんばる力は自分で生み出すことができる。

■人との協調性（正義感）

これは、他人が困っているのを見過ごせないか、他人が悪いことをしていることを見過ごせないかどうかである。例えば、酔っ払いにからまれている人を助けたり、ミスをした部下をかばう行為をするかどうかである。こういう行為をする人は義理人情が厚く、周りの人から尊敬される。この性格資質も環境や経験によって左右される。ただ、何が正しくて何が正しくないかは時と場合によって変わる。したがって、環境や経験によって人から評価されるような性格に変えていくことができる。

■人との協調性（他者との協調）

いつもひとりで勝手なことをする人、チームの和を乱す人がいる。そういう人も先輩や上司から叱られて態度が変わる。いつもいばって勝手なことを言っていた社長も会社が倒産すると、他人に頼らざるを得なくなる。人との協調は生きていくうえで必要不可欠である。しかし、それが苦手な人は多い。人と協調するために下手に出て相手に合わせる面も必要である。お高くとまっていて自分をさらけ出すことができないと、人との協調は難しい。そういう人も、他者に意見を求めたり、他者の真似をする気持ちがあればしだいに他者との協調ができるようになる。

まとめ　新規探索型と損害回避型の性格は、遺伝的影響が強く変えにくい。それでも、そういう自分の傾向を知っていて、そのマイナスの面を修正することを意識的に行えば変えることも可能である。自立心やがんばる力などの上昇志向、および正義感や人との協調性に関する性格は、遺伝的影響をほとんど受けないので変えるのは比較的容易である。

第62話 性格をどのように変えるか？

現代はストレスが多い社会である。大学に入っても就職を決めるには苦労するし、会社に入っても業績が悪くなるとリストラされる可能性もある。こういう社会だからこそストレスに強い性格になりたいと思うが、性格は変えられるものだろうか、もし変えられるとしたらどうしたらよいのだろうか？

■ストレスへの対処の仕方

ストレスは元々外敵に出会うなど危機的な状況に対処するために視床下部からCRHが出て、CRH→ACTH→コルチゾールという経路でストレスホルモンが出る脳の反応である。これは生体にとって必要な反応であるが、長くストレスにさらされてコルチゾールがいつも出るのはうつなどの病的な状態である。もし損害回避型の人が長くストレスを感じる状態になったら、元々悲観的に考える傾向があるので要注意である。そんな人は脳に「何かいつもと違うようだ」と思わせる行動が必要である。

■行動を変えてみる

「何かいつもと違うようだ」と脳に思わせるためには、いつもと違う行動をしてみることである。夜型の人であれば思い切って朝早く起きること、1日3000歩でいいからウオーキングすること、図書館で本を借りて読むことなど、自分にとってできそうだが何となくできなかったことを始める。そうすると気分転換になり、くよくよ考えていたことを忘れる。それを1週間も続けたら少し違う自分を感じることになる。

■他人のいいところを真似る

自分自身を知って問題点を直すと言っても、どう直せばよいか気がつきにくいものである。それで、自分と似たタイプで目標にできそうな人を見つけて、その人のいいところを真似るのがよい。自分と性格が違う人であれば問題解決の方法が違い過ぎるのであまり参考にならない。同じタイプの人なら問題解決の方法が参考になる。もしその真似した行動がうまくいくと同じやり方を繰り返して、それがしだいに身についていく。そうなるとそれを習慣化することができる。

■手が届く目標を設定する

行動を変えてみる、あるいは他人のいいところを真似るなどの行動をしていると、何かに挑戦してみようという気分が生まれてくる。ウオーキングをして歩数が増えてきたら8000歩を目標にもう少し頑張って、それを達成したら、スポーツやヨガをやる目標ができるかもしれない。読書をしていて中国の古典が好きになったら、中国の歴史を調べるという目標もできるかも知れない。ただ目標設定は8割程度は実現可能なものにすべきである。そのためには自分自身をよく知り、自分を努力する環境におく賢さが必要である。有能な人は自分のための目標設定の尺度を持っており、自分を伸ばし、自分を変えるための自立心やがんばる力を持っている。

■習慣化する

行動を変える、他人のいいところを真似る、手が届く目標に取り組む、などの行動ができるようになったら、それを習慣化するのが次のステップである。習慣化する過程で、朝早く起きた人は朝の時間を何に使うかを試行錯誤することになるし、本を借りて読んでいる人は読む本のジャンルをいろいろ試すなかで自分にとって意味のある内容に変えていくことになる。そんななかで、目標を少しづつ進化するものに変えて行けば、行動が自分にとってより意味のあるものになり、習慣化が進んでいく。自立心やがんばる力などの上昇志向の性格が少しずつ育つことになる。

■あせらずに余裕を持つ

目標に取り組んでいると、うまく進まないときもある。そんなときは頑張り過ぎないことが必要である。あせると却ってやる気が生じないものである。元々性格を変えることなど簡単なことではない。少し肩の力を抜いてリラックスして取り組んだほうが良い結果を生むことが多い。目標に縛られすぎずに、本当に実行できそうなことに目標を設定し直すことが必要である。

■小さな成功体験を積み重ねる

行動を変え、他人のいいところを真似し、目標に取り組み、それを習慣化するところまできたら、小さな成功が得られるはずである。小さな成功は自分にとって喜びや感動である。喜びや感動は脳にとっては栄養の因子で良い影響を与える。それが次の行動への力となり、次の小さな成功体験の種となる。そういうことを繰り返していくうちに、いつの間にか自分の脳が変わり、自分の性格が変わり、新しい自分を発見することになる。

まとめ ストレスの多い現代社会にあって、ストレスに強い性格になりたいなどの欲求が起こる。そんなときは、いつもと違った行動をしてみることから始める。そして、他人のいいところを真似る、手が届く目標に取り組む、それらを習慣化する、あせらずに余裕を持つ、小さな成功体験を積み重ねることなどが良い結果を生む。

コラム8　薬物依存と脳

覚醒剤や大麻などの薬物の摂取により快感が発生し、不安や苦痛から解放されると、ヒトは再びその薬物を求めるようになる。アルコールも依存性薬物になり得る。覚醒剤や大麻を乱用すると、幻視、幻聴、被害妄想などの症状が現れ、中断すると呼吸困難やけいれんを含めた禁断症状が現れる。このように、脳は運動や学習など努力して獲得したことに関しては快感という報酬を与えるが、努力せずに薬物で快感を得ようとすることに関しては罰を与えるのである。

サルを用いた実験では薬物の効果が明瞭に観察されている。カテーテルを静脈内に入れたサルをレバーが設置してある実験箱に入れ、サルがレバーを押すとカテーテルを介して薬液が微量注入される。注入された薬液が快感を与えると､サルは再びレバーを押して薬液を注入し、これを繰り返すようになる。サルはニコチンの薬液では 400 回、覚醒剤では 1,600 回、コカインでは 18,000 回までレバーを押す行動を続けるという。

◎快感発生の脳内機構

快感の発生は､腹側被蓋野にあるドーパミン神経細胞より放出されたドーパミンを受け取った側坐核の神経細胞で反応が起きることによって生じる。通常ドーパミン神経細胞は抑制性神経細胞によって働きが抑えられているが、依存性物質が抑制性神経細胞の働きを抑えることによって、ドーパミン神経細胞からドーパミンが大量に放出される。 また、側坐核にはモルヒネやヘロインなどの麻薬の受容体があり、そこで反応が起こる。

依存性物質はシナプス伝達に影響を与えるモノアミントランスポーター、オピオイド受容体、セロトニン受容体、NMDA 型グルタミン酸受容体、GABA 受容体、ニコチン性アセチルコリン受容体、アデノシン受容体などに作用する。これらの作用が次の標的分子へ作用する連鎖の結果、快感を発生させる。

近年の PET 研究によると、アルコール依存症患者の脳内腹側線条体におけるμオピオイド受容体が増加しており、その増加はアルコールの渇望感と関連することが報告されている。

◎ギャンブル依存

依存症は薬物だけでなく、ギャンブルでも起こる。ギャンブル依存ではセロトニンの機能異常､尿中､血中､髄液中のノルアドレナリン代謝産物レベルが上昇し､ノルアドレナリン機能異常、ドーパミンの代謝回転の上昇が報告されている。

第9章　脳の発達

ヒトの始まりは、卵子が精子に受精してできる1個の受精卵である。この受精卵が細胞分裂を繰り返して私たちの身体ができあがる。本章では、ヒトの脳の発生と発達、生後の脳の発達のしくみについて述べる。さらに、脳の成長はどこまで続くか、中年以降の脳はどうなるか、老人の脳は衰えるだけかどうかについて述べる。

第63話 ヒトの脳はどのように発生するか？

ヒトの始まりは、卵子が精子に受精してできる1個の受精卵である。この受精卵が細胞分裂を繰り返して私たちの身体ができあがる。発生の過程において、個々の細胞の機能が分かれる細胞分化が起こる。さらに、細胞は組織や器官というまとまりを作っていく。これを形態形成という。形態形成は3次元の世界で、身体の前後軸、背腹軸、左右軸が決まっている。発生とは、3次元の形の変化が時間軸に沿って刻々と変化しつつ、内部では細胞の分裂や分化が同時並行で進む現象である。

■受精卵から3層構造の形成まで

ヒトの受精から約1週間後、受精卵は数百個の細胞の塊である胚盤胞《はいばんほう》として子宮の壁に着床する。胚盤胞は中空のボール状で、内側にある内部細胞塊《かい》という塊の部分から将来の身体を作るすべての細胞が作られる。

受精から約2週間後、内部細胞塊は2層の細胞層となり、外側の外胚葉《がいはいよう》と内側の内胚葉《ないはいよう》とに分かれる。外胚葉がある方向が将来の背側に、内胚葉の側が将来の腹側になる。この時期が2胚葉期である。

受精から約3週間後には、外胚葉の一部の細胞は、内胚葉との間に入り込んで中胚葉《ちゅうはいよう》となる。この3層になった時期が3胚葉期である。やがて、平らな胚葉が折れ曲がって管状になる。一番外側の外胚葉から神経系と皮膚が作られ、一番内側の内胚葉からは消化器や肺などが作られる。中胚葉からは骨、筋肉、血液などが作られる。

■脳の形成まで

3胚葉期に脳と神経系の形成が始まる。まず、外胚葉の中心部の細胞の長さが長く分厚くなり神経板という構造ができる。これは、外胚葉の裏打ちをしている中胚葉から誘導シグナルが分泌されることによる。中胚葉の細胞から外胚葉の細胞に神経板形成への誘導のシグナルが送られる。

このようにして形成された神経板は、やがて巻き上がって背側正中部で癒合して神経管という管が作られる。この神経管の形成は脊椎動物の胎生に共通のもので、図3（5頁）に示したとおりである。神経管にはいくつかのくびれが生じて、前脳、中脳、菱脳となり、この時期を3脳胞期という。この時期に神経管は前後方向の軸と背腹方向の軸に沿って領域化されるようになる。その後、前脳はさらに左右両側に大きく張り出した終脳と間脳に分かれ、5つの脳胞が形成される。終脳からは最終的に、大脳新皮質、大脳基底核、大脳辺縁系、間脳からは視床や視床下部が形成される。これらの脳の基本構造は、受精から約8週間後に形成される。

■脳の区画の形成

複雑な脳が作られるしくみは、脳の大きさが先に決まって機能に応じたデザインに基づいて各種の神経細胞などが配置されるのではない。実際には、大きさも大きくなりつつ複雑な機能も分化していくというやり方である。これは、進化の名残を引きずっているからである。まず、大きな区画ができそれぞれが細分化されるという領域化の過程と、その領域が機能に分化した神経細胞が生成される過程とが、同時進行でなされる。領域化の後には、脳の区画化が行われる。これらは、遺伝情報を基になされていく。

■神経細胞の生成

神経管の領域化と区画化が行われているとき、神経管を形成している細胞は盛んに分裂を繰り返して増殖している。このように、増殖しさまざまな脳の細胞を生み出すことのできる細胞を幹細胞《かんさいぼう》と呼ぶ。やがて神経管の中では神経細胞の分化が始まる。初期には神経管の径が太くなる方向に神経細胞が増え、その後は神経管の厚みが増える方向に神経細胞が産生されていく。神経幹細胞は分裂して2個の神経幹細胞を生成する。これを対象分裂という。この段階は、神経幹細胞が自身の数を増やす段階である。やがて、神経幹細胞に変化が生じて神経前駆《ぜんく》細胞になる。すると、神経前駆細胞が分裂するときに、1個は神経前駆細胞に、もう1個は神経細胞になるという非対称な分裂が行われる。神経前駆細胞は分裂能力があるが、神経細胞は神経伝達という特殊な機能を果たすため分裂能力がない。こうして、神経前駆細胞自身は維持されるので、神経細胞を新しく作ることが可能となっている。このことは、成年後も老年になっても神経細胞の新生が可能であることを意味し、中年以降の人にとっては大きな朗報である。

まとめ 1個の受精卵が細胞分裂を繰り返してヒトの身体ができあがる。脳の各器官は神経管から作られる。神経幹細胞は分裂して2個の神経幹細胞を生成する。やがて、神経幹細胞が変化して神経前駆細胞になる。神経前駆細胞は、1個は神経前駆細胞に、1個は神経細胞になる分裂をする。神経細胞は神経伝達という特殊な機能を果たすため分裂能力がない。

第64話 胎児の脳はどのように発達するか？

脳の神経機能は、神経細胞と神経細胞が結合して神経伝達が行われることである。脳の中には多数の神経細胞が配置され、複雑な神経回路が形成される。脳の中に配線が形成されるのに、3つの段階がある。神経細胞が軸索という長いケーブルを伸ばして正しい道筋を見出す段階、相手を選択する段階、正しい相手と結合してシナプスを形成する段階である。

■配線形成の3つの段階

「正しい道筋を見出す段階」では、神経細胞から出ている軸索が活躍する。軸索の先端は成長円錐《せいちょうえんすい》と呼ばれる手のような形をしている。軸索や成長円錐には骨格があり、その先端は直径約7㎚の微細線維になっている。微細線維はタンパク質が束となっているが、そのタンパク質が重合によって先端を伸ばしていく。成長円錐には手探りするセンサー部分があり受容体と呼ばれるタンパク質でできていて成長円錐の細胞膜に埋め込まれている。軸索をガイドする分子がこの受容体と結合すると、その信号が細胞内に伝わる。そうすると、成長円錐の端の部分が伸びたり縮んだりし、結果として軸索を伸ばしたり反対側に向かわせたりする。軸索を伸ばすには脳内の栄養因子が働くことによる。

「軸索が正しい道筋を見出す段階」は、結合すべき神経細胞を探すことである。軸索が目的の領域に近づくと、これまでともに成長してきた軸索束から離れ、つながるべき相手方の神経細胞を探す。相手の神経細胞も樹状突起を伸ばしてつながる相手を探す。それには標的を見つけるための標的分子が働いている。そして、両者が出会うと、最終的に結合部がシナプス構造をとる。

「軸索が正しい相手と結合する段階」は、シナプス形成をすることである。神経細胞の軸索の先端は成長円錐で手のような構造である。成長円錐で手のような構造が適切な神経細胞を認識すると、成長を止めてシナプス前末端と呼ばれる末端の断面が丸い形に形を変える。これによって相手方のシナプス後神経細胞の対応部分も変形してシナプス後肥厚部が現れ、図14（17頁）のような構造になる。このシナプス形成にはいろいろな分子が活動しており、例えば脳由来神経栄養因子（ＢＤＮＦ）はシナプスの数を増す働きが知られている。ＢＤＮＦの働きは、神経細胞の生存、軸索伸長、シナプスの機能推進などに関わっている。

■神経細胞の生存競争

ヒトの脳には千数百億もの膨大な数の神経細胞が作られ

るが、すべて生き残るわけではない。そこでは、神経細胞の間で生存競争が起こっていることになる。神経細胞にとって生存の鍵はシナプス形成にある。標的細胞と結合できた神経細胞は生き残るが、それができなかった神経細胞は死んで排除されていく。その量は脳の領域によって20～80％にも及ぶ。生体は予め必要な量以上の神経細胞を産生することによって、予備を用意していることになる。

神経細胞の生死に関わる因子にはいろいろあるが、世界で初めて抽出されたのは、神経成長因子（ＮＧＦ）というタンパク質である。シナプス形成の最終段階では、神経活動に応じてシナプス結合が強くなったり弱くなったりする。シナプス結合ができなかった神経細胞は、標的からの神経栄養因子を受けとることができなくなり、細胞死を起こす。このようにして、脳の中の配線ができあがる。ＮＧＦに代表される神経栄養因子は、神経細胞の細胞膜に局在する受容体と結合してその作用を発揮する。それぞれの神経栄養因子は、それぞれ異なる標的組織に局在し、そこに信号を送る神経細胞に対応して受容体が発現している。各種の成長因子や免疫系に関わるサイトカイン、エストロゲンのようなホルモンも神経細胞の生死に関わる因子と考えられている。

シナプス形成そのものは比較的短時間に進むが、できたばかりのシナプスが大人と同様な働きをするようになるまでには、さまざまな変化が生ずる。例えば、グルタミン酸を受容するＮＭＤＡ型グルタミン酸受容体は、幼若時は閉鎖されていることが多い。このことは、記憶や学習の発達に重要な影響を与えると考えられている。

ここまで見てきたのは、胎児における脳の発達過程であるが、非常に複雑である。最近の知見から、シナプス形成に関わる分子群の機能の異常や神経発生および発達の過程における、ほんのちょっとした異常が認知機能の異常や精神疾患の発症と関係していることがわかりつつある。

まとめ　脳には複雑な神経回路が形成される。神経細胞は軸索を伸ばして正しい道筋を見出し、相手を選択し、正しい相手と結合してシナプスを形成する。シナプス形成にはＢＤＮＦやＮＧＦなどの神経栄養因子が影響する。膨大な数の神経細胞が作られるが、すべて生き残るわけではない。神経細胞の間で生存競争が起こり、シナプス形成した神経細胞だけが生き残る。

第65話 生後の脳はどのように発達するか？

生体では、必要な数よりも多い神経細胞が産生されており、後で必要なものだけを残して自殺していく。必要なものだけを残すしくみはシナプスでも見られる。シナプスは神経伝達の現場なので、これが除去されるのは何か悪いことが起こっている印象を与える。しかし、実際にはその逆で、シナプス除去によって神経伝達の効率が向上する。これは、必要のないシナプスが除去されると同時に、特定のシナプスの結合が強化されることによる。

■シナプス形成期およびシナプス刈り込み期の樹状突起の変化

ヒトにおけるシナプス形成期およびシナプス刈り込み期の樹状突起の変化を**図50**に示す。出生時のシナプス形成はまばらであるが、2歳ぐらいまでに多数のシナプスが形成され、それが4歳から6歳までの間に刈り込まれていく。これは、子どもの成長に合わせて徐々に、必要なシナプスだけが残されていく過程と考えられる。

生まれたばかりの子ネコの片眼をふさいで育てると視覚野の眼優位カラムのストライプが消失した。また、視覚野の神経細胞は、ふさいだほうの眼からの光刺激に反応しなかった。一方、両眼ともふさいで育てたネコの視覚野では眼優位カラムのストライプは存在していた。このことは、ネコの視覚野の神経細胞は生まれたての状態では、右眼と左眼とが競合してシナプス結合するのに対し、片眼をふさいで育てると、視覚入力を奪われた眼に本来割り当てられていた神経細胞が乗っ取られたと解釈された。

残されるシナプスと精神疾患との間には密接な関係があると考えられている。自閉症児では、シナプスの刈り込みが十分になされないため、不要なシナプスが残って混線状態になると推測されている。統合失調症の患者では青年期のシナプスの減少が、アルツハイマー病の患者では加齢期にシナプスの急減少が起こると考えられている。

■刺激に応じた樹状突起の刈り込み

図50に示すような胎児期のシナプス形成と幼児期のシナプス刈り込みは遺伝的プログラムに沿って起こる。ところが、シナプス形成が進んで神経回路が形成されると、その発生は神経細胞の興奮、すなわち神経活動自体の刺激の影響を受ける。このことを活動依存的と呼ぶ。

刺激に応じた樹状突起の刈り込みの例として、マウスの網膜の神経節細胞を取り上げる。この神経細胞は、光入力のオンとオフの状態に反応するが、その樹状突起はオンとオフに対応する領域の両方に枝分かれしている。マウスは正常な光入力の元で育てられると、樹状突起の一部が刈り取られ、オンかオフかどちらかの層に限定されるようになる。暗所で育てられると、樹状突起の正常な刈り込みが起きず、オンとオフの両方に対応したままになってしまう。ここで働いているのは、各種の神経伝達物質とその下流で働くシグナル分子である。神経伝達物質を受け取らなかったシナプスや樹状突起は、必要ないものとして淘汰される。シナプスの刈り込みには脳の掃除役のミクログリアが関与していることが示されている。

■臨界期とは

生後3～15週のネコの片目遮蔽実験によると、眼優位カラムの消失が生後3～4週の片目遮蔽を行った場合に最も生じやすく、生後15週を過ぎると生じないことがわかった。このことは、眼優位カラムが成立するための臨界期（感受性期）があることを示す。マウスの眼優位カラムの臨界期のメカニズムが調べられている。遺伝子改変マウスを使ってGABAの機能を低下させて抑制性神経細胞の働きを悪くすると、臨界期が早く消失した。ジアゼパムという薬品をマウスに投与して抑制性神経細胞の働きを強くすると臨界期の開始が早まった。

子どものMRI画像による成熟期の検査によれば、脳は領域ごとに成熟の仕方が違うことがわかった。一番成熟が早いのは後頭葉の視覚野で、成熟が遅いのは前頭葉でも後ろ側から前に進む。つまり、運動の制御に関する領域は成熟が比較的早く、意思決定などに関わる前頭前野が最も遅いことがわかっている。

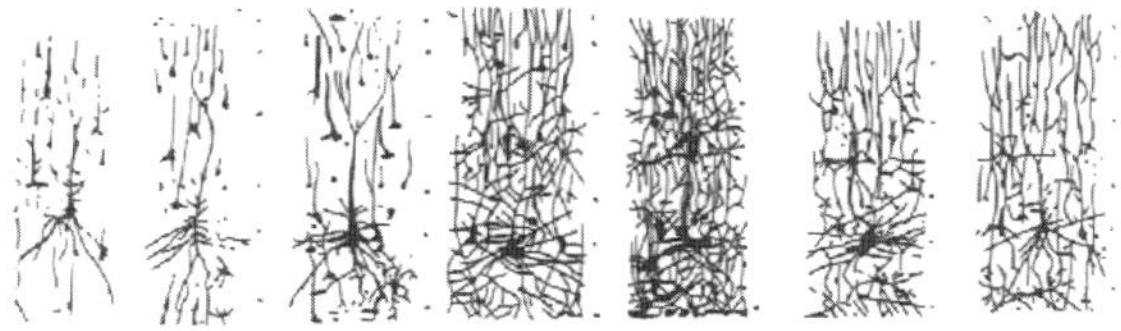

出典：大隅典子著『脳の誕生』ちくま新書、2017

図50　シナプス形成期およびシナプス刈り込み期の樹状突起の変化

まとめ　生体では必要な数よりも多い神経細胞を産生して、後で必要なものだけを残す。シナプスでも除去によって神経伝達の効率が向上する。これは、必要のないシナプスが除去されて、特定のシナプスの結合が強化されることによる。出生後2歳までに多数のシナプスが形成され、4～6歳の間に刈り込まれていく。

第66話 脳の成長は3歳で終わるか？

ヒトの脳は3歳までにできあがると言われてきた。それが事実かどうかを調べるために脳の中の灰色に見える部分（灰白質）の厚みを測定する方法がある。白質は髄鞘化した軸索で占められているが、灰白質には神経細胞があり、その厚みは樹状突起の張り出し方に依存する。成長に伴って樹状突起の刈り込みが進行すると、灰白質の厚みが減少する。灰白質の厚い部分はまだ未成熟で、薄くなった灰白質は成熟が進んだことを意味する。

■年齢と脳の成熟との関係

灰白質の厚みはＭＲＩ画像の測定で得られる。脳のいろんな領域の灰白質の厚みを測定すると、領域ごとに成熟が違うことがわかった。成熟が早いのは、脳の後ろ側の視覚野である。成熟が遅いのは、前頭葉でとくに右側が遅い。前頭葉の中では、運動の制御に関わる領域の成熟が早く進むのに対し、意思決定などに関わる前頭前野が最も遅く、21歳ごろまで成長が続く。したがって、脳の成長は3歳で終わるという説は事実ではない。

脳の成熟には男女差があり、一般的に女性のほうが成熟が早い。また、系統的に古い脳領域が先に成熟し、前頭葉のように進化的に後に発達した領域はゆっくり成熟する。

また、脳の成熟は子どもの認知機能や精神機能の発達に伴って成長する。赤ちゃんは動くものを目で追いかけるが、これは視覚野の発達が早いことを示す。逆に、前頭葉の発達が遅いのは、子どもたちの価値判断が大人並みになるには時間がかかることを意味する。

■生後も神経細胞は新しく生成するか

１９６０年代までは、神経細胞は生まれた後は生成しないと言われた。脳には千数百億個もの神経細胞があり、使っていない部分も多いからなるべく脳の機能を使ったほうが良いと言われてきた。ところが、１９６５年に動物実験で生後の脳に新しく神経細胞が生成することが示され、１９９０年代にはガン患者の死後の脳（海馬）で神経細胞が新しく生成することが示された。さらに、２０１０年代には、海馬だけでなく、大脳基底核の線条体においても神経細胞が新しく生成することが示された。

■神経細胞新生のメカニズム

神経細胞新生のメカニズムについては、ヒトに関する実験は困難なのでもっぱらラットなどを用いた実験がなされている。神経細胞新生は脳全体で起きているわけではない。

記憶や学習に深く関わっている海馬や脳室下帯《のうしつかたい》では年齢に関わらず神経細胞が作られる。これは、神経幹細胞というタネのような細胞が一生涯存在するからである。神経幹細胞は神経系の細胞を生み出す細胞である。これは、皮膚には皮膚の幹細胞が、腸には腸の幹細胞が存在するのと同様である。神経幹細胞が分裂するときは、片方の細胞は神経幹細胞に、もう一方の細胞は神経細胞になる。これは胎児の脳形成における神経前駆細胞の働きと同様である。若いラットでは、１日あたり約９０００個の神経細胞が形成されるが、その後徐々に減少し、生後4週目から1年くらいまでは1日あたり約１１００個の神経細胞が海馬で新しく形成される。これらの神経細胞のすべてが生き残るわけではなく、約半数が新しく神経回路を形成する。しかし、神経幹細胞の数は加齢とともに減少する。これは、全身のどの幹細胞も同様である。

■神経細胞新生の環境による影響

ラットの飼育箱に回転車を置くとラットはそれを好んで遊び、回転車なしで育てられたラットに比べて海馬の神経細胞新生が進むことがわかった。このラットは記憶や学習のテストとして用いられる水迷路テストでも良い成績を示した。

ラットでは、神経細胞新生は大脳の側脳室《そくのうしつ》という部位で海馬より多くなされることが知られている。これはラットにとって嗅覚情報がより重要だということを示している。側脳室壁で生まれた神経前駆細胞は嗅球という匂いの中枢領域に入って行き、ドーパミンやＧＡＢＡを神経伝達物質とする神経細胞として機能する。

また、ラットに対して毎日異なる天然の良い香りを嗅がせる実験が行われた。すると、嗅球で新生の神経細胞が劇的に増加した。ところが、同じ匂いを嗅がせ続けると効果が減少した。逆に、ストレスを与えると神経細胞の新生は減少する。

まとめ　灰白質の厚みが薄いほど樹状突起の刈り込みが進んだことを示すので、脳の成熟が進んだと判定できる。成熟が遅いのは意思決定などに関わる前頭前野で、21歳ごろまで成長が続く。記憶や学習に深く関わる海馬などでは年齢に関わらず新しく神経細胞が作られる。神経幹細胞というタネのような細胞が一生涯存在するからである。

第67話 中年以降の脳はどうなるか?

私たちの身体も脳も細胞からできている。その細胞は年とともに使い古されていく。脳の機能もある面では年齢とともに衰える。単純な記憶力は確かに衰えるし、複雑な数学の問題を解く速度や反応する速度は遅くなる。

しかし、加齢に伴うと考えられてきた知的能力の低下は、加齢そのものではなく、軽い脳卒中やアルツハイマー病、うつ病などの精神疾患などの病気が原因であることも多い。

■年齢と関係ない脳の可塑性

学習によって脳が生理的に変化するのは、脳の可塑性として理解されている。刺激の多い環境に置かれた大人のラットの脳の細胞から新しく樹状突起が生じて神経回路が作られ、アセチルコリンという神経伝達物質が生成されることが見いだされた。また、大人のラットの海馬に神経細胞が新たに形成されることが発見された。さらに、成人の脳でも新しい脳細胞が形成されることがわかった。脳の多くの部分には神経幹細胞が存在し、それがある特定の状況下で、それが神経細胞やグリア細胞へと成長する。また、サルの大脳皮質の複数の部位で新たな神経細胞が生成されることが発見された。大脳皮質は、熟考、計画、意思決定、感情の制御など人間の高次の機能を担っている。新たな神経細胞が生成する機構はまだ解明されていないが、何かのきっかけでそれが起こると考えられている。その候補の1つとして運動が考えられている。運動をすると神経成長因子（BDNF）と呼ばれる化学物質が生成し、脳に活力を与えることが知られている。

ロンドンのタクシー運転手の脳の投影技術を用いた研究では、海馬に肥大した領域があることがわかった。長年にわたってロンドンの入り組んだ街中を通り抜ける経験を重ねたベテラン運転手ほど海馬が大きく成長したと解釈された。音楽家を対象とした研究でも同様の結果が得られている。この場合は、聴覚や音のトーンやピッチの聴き分けをつかさどる脳の領域の機能が大幅に増加していた。

■年をとると性格が丸くなる理由

年をとると性格が丸くなると言われる。確かに気性が激しく怒りっぽかった人が年齢を重ねるごとに穏やかになる例を見かける。そこには、人生経験を重ねるごとに、現実の人生を受け止める力、避けがたい事実を受け入れる長期的な視点、より高い次元の自己を目指す動きがある。しかし、このような心理的な要因だけでなく、年齢を重ねた脳に起こる生理的な変化があるという証拠が見つかっている。

人間の情動は大脳辺縁系で形成され、制御されている。これは人間の生存と繁殖に都合が良いように、何百万年もの間の自然淘汰により形成されたものである。やさしさ、愛情、喜び、幸福などの肯定的な感情は、伴侶となる相手が出現したり、食料や地位や安全が確保できるようになると芽生える。一方、恐怖、怒り、妬み、嫌悪、憂鬱といった否定的な感情は、私たちの存在、健康、あるいは公正の意識を脅かす出来事や状況に反応して起こる。

大脳辺縁系から大脳皮質に向かう神経線維の数は大脳皮質から大脳辺縁系に向かう神経線維の数に比べて相当に多い。この数の差は感情が理性を圧倒しやすいことを意味している。また、大脳辺縁系の扁桃体は目、耳、鼻からの知覚情報を捉え、そこに危険の可能性を察知すると、すぐに活動電位を発する。大脳新皮質が信号処理を終える前にこの活動電位が私たちの行動を変えることができる。これは、進化論的に考えると納得がいく。危険を察知した動物は何も考えずにすぐに行動できれば、状況を熟慮して行動する動物よりも生き残れる可能性が高い。扁桃体の反応が敏感な人は、びっくりしやすく、短気で、恐怖の場面では身体が強烈な反応を示す。人間は、感情や熱情をなかなか理性で制御できない動物である。感情を制御して適切な行動ができれば、人間として成熟した証ということができる。

年長者の脳に関するＰＥＴなどによる脳画像の最近の研究では、扁桃体の活動が年とともに低下することがわかった。特に、恐怖、怒り、憎しみという否定的な感情への反応が鈍くなることがわかった。したがって、年をとると性格が丸くなるというのは脳の生理的な変化に根拠があることがわかる。

まとめ　脳の細胞も機能もある面では年齢とともに衰える。単純な記憶力は確かに衰えるし、複雑な数学の問題を解く速度も遅くなる。しかし、成人の脳でも海馬や大脳皮質など複数の部位で新しく脳細胞ができることがわかった。また、脳画像による最近の研究では扁桃体の活動は年とともに低下することがわかった。これは、年をとると性格が丸くなる根拠とされている。

第68話 老人の脳は発達するか？

年をとると物忘れが多くなり、身体の衰えとともに脳の衰えを感じざるを得ない場面も多い。しかし、最近では行動神経科学という新しい研究分野が生まれた。外部の刺激が脳の構造や機能をどのように変化させるかを研究する学問である。これは、生まれてから死ぬまでの間、人生のどの段階においても、脳の構造は経験によって変更できるという発見が基礎となっている。年齢にかかわらず、未知の経験にかかわらず新たなシナプスや神経構造を生み出すというのがその理由である。

■年長者は脳の多くの場所を同時に使う

左脳人間とか右脳人間とかいう言葉がブームとなったが、その説明は多くの場合、脳科学的な根拠に乏しい場合が多い。年長者の脳をPETやfMRIなどで撮像すると、予期しない結果が観察されたという。若い人が記憶の中からある言葉を引き出すとき、多くの場合は左脳の海馬を使う。しかし、年長者はしばしば左脳と右脳の海馬を同時に使う。同様の現象は、顔の認識、動作の記憶、いくつかのタイプの知覚にも見られた。この場合に、年長者は左右の脳の前頭前野を使っていた。この事実をさらに調べるために、成人若年者、機能低下のある年長者、機能低下のない年長者の3つのグループに機能テストをした際の脳の活動を測定した。機能低下のある年長者は、成人若年者と同じように右脳の前頭前野を使っていたが、機能低下のない年長者は脳の多くの場所を同時に使っていた。これは、神経回路を再構築し、複数の部位を同時に使うことで、年齢に伴う神経機能の低下に歯止めをかけていたことになる。脳の神経回路の再構築がどのような機構で行われているのかは解明されていないが、これは驚くべきことである。

■老年期における発達とは

『いくつになっても脳は若返る』の著者のジーン・D・コーエン氏は老年期における成長の原動力には、衝動、欲求、熱望、憧れ、探求などの要素があり、中年から100歳以上の数千人の人に見られた特徴を以下のように表現している。

①　自分自身をよく知ると、自分自身であることを快く感じる
②　よく生きる方法を学び、適切な判断力がある
③　喪失や傷心の体験があっても、精神面、人間関係面においてすべてを包括的に感じられる
④　逆境にあっても希望を失わない

⑤ 発見と変化の過程を続ける
⑥ 他人や家族や地域に尽くす
⑦ 自分の物語を語る
⑧ 人生の最後まで精一杯生き抜く

■老人の脳の発達

老人の脳の発達のエネルギーは、脳の成長のある特定のパターンと結びついている。その成長パターンは、情報処理、学習、記憶形成をつかさどる脳の領域を強化する。特に、脳細胞同士のコミュニケーションを促すために神経細胞の拡張部としての樹状突起は、解放段階に突入した50代前半から70代後半に、海馬においてその数や密度が最高潮に達する。さらに海馬では、新しい神経細胞が成長し続ける。この脳の能力と心理面からの発達の組み合わせが、新たな技能を習得したり、新たな活動や役割に挑戦したり、新たな人間関係を試みるエネルギーとなる。

■老人の脳の発達を支えるもの

老人の脳の発達は誰にも訪れると保証されたものではない。病気になって落ち込んだり、自分の殻に閉じこもったりしていると、たちまち老いに圧倒されることになる。新しい神経細胞の成長や脳のいろいろな部位を同時に使うなどということは、脳を使う生活をしていないと実現しない。

脳を使う生活とは、一つ目は、運動を習慣化することである。ウオーキングやジョギングを週3回以上することによって、脳は活性化する。二つ目は、新しいことに挑戦することである。目標を持つことによって日々の生活に張りができる。お料理をするとかある分野の本を読むとか小さな目標でよい。それを達成することによって喜びが生まれるし、新たな目標に向かう力にもなる。そして、生活の中に小さくても良いから創造性を育てることである。ガーデニングとか料理とか好きで取り組んでいる中に自分なりの創造性を持ち込めば脳は活性化する。三つ目は、社会との接点を持つことである。ヒトは社会的な動物である。他者との関わりにおいて人は生きがいを見出す。家族や地域のために何かをするとか、ボランティアなど社会のために活動することによってより大きなやりがいを感じることができる。

まとめ　年をとると物忘れが多くなり、身体の衰えとともに脳の衰えを感じる場面も多い。記憶から言葉を引き出すとき、多くの若者は左脳の海馬を使うが、年長者は左脳と右脳の海馬を同時に使う。老人の脳では細胞同士の交流を促すための樹状突起が増える。この脳の能力と心理面での発達により、新たな活動や役割への挑戦や新たな人間関係を試みる力となる。

コラム9　自閉症

自閉症とは、先天的な原因から3歳くらいまでに、対人関係の特異性、コミュニケーションの質的障害、イマジネーションの質的障害という3つに特徴が現れる障害である。「自閉」という言葉からイメージされる「自らこころを閉ざしている病気」ではない。また、育て方によって生じるものでもない。

自閉症は、重度の知的障害を合併している人から、知的な障害がほとんどない人、IQ（知能指数）が通常より高い人まで幅広く、その個性も多様である。どこからどこまでが「知的障害」、どこからどこまでが「自閉症」と区切れるものではなく、連続していることから、アスペルガー症候群を含めて、自閉症スペクトラム障害（Autistic Spectrum Disorder：ASD）と言われている。

言語の発達の遅れ、対人面での感情的な交流の困難さ、あるいは全くの無関心、反復的な行動を繰り返す、行動様式や興味の対象が極端に狭い、日常的に奇声を発する、手をひらひら動かす、極度の自己中心的思考になる、物を列や幾何学的に整然と配置する、言語能力があっても一問一答の会話になってしまい他人と会話をし続けることが難しい、発達の水準にふさわしいごっこ遊びや物まね遊びができない、被害妄想を持つ、ストレスによる他害行為などのさまざまな特徴がある。

◎自閉症の原因

原因は、まだ十分解明されたとは言えないが、さまざまな遺伝的研究から、先天的な脳機能の違いが原因となる障害だと考えられている。解剖学的には、自閉症スペクトラム障害の人は、脳が大きく、情動をつかさどる扁桃体の神経細胞が密になり過ぎる傾向があるとされている。2歳ごろの時期にシナプスの刈り込みが十分になされないため、不要なシナプスが残って混線状態になると推測されている。

不必要な神経細胞あるいはシナプスが残っていると、必要な回路だけを効率よく活性化することができなくなる。ほかにも、気持ちの認識や推測に関わる前部帯状回、長期記憶に関わる海馬、運動の調節に関わる尾状核や小脳などにも神経細胞の密度や構造の異常が見られるとの報告がある。また、回路内の神経細胞同士でやりとりするための受容体の数に異常があるとの報告もある。

第10章　ストレスと脳

ストレスには、けが、病気などの肉体的なストレス、身近な人の病気や死、失恋、解雇などの精神的なストレスがある。本章では、脳におけるストレス反応のしくみ、強いストレスが続くと脳がどうなるか、ストレスをどのようにコントロールしたらよいかなどについて述べる。

第69話 ストレスとは？

本来ストレスという言葉は、「外からかかる力による物質の歪み」のことを意味する。医学的には、外からの刺激に対する身体やこころの反応のことを「ストレス反応」と呼び、その反応を生じさせる刺激のことを「ストレッサー」と呼んでいる。一般にいうストレスはこの両方の意味を含んでいる。私たちの脳は、心や身体が不快に感じることをすべてストレスと認識する。一方、目標の大学に受かりたいなど目標を持つこともストレスになる。これはよい意味のストレスで、それを実現すれば喜びと達成感が得られる。

■肉体的および精神的なストレス

肉体的ストレスには、寒すぎること、暑すぎること、騒音、空気汚染、睡眠不足、疲労、けが、病気などの肉体的な不快さがある。一時的な不快さはそれが過ぎれば感じなくなるが、長期間続くと脳がそれに対処しようとしてストレス反応を引き起こす。

精神的なストレスには、家族など身近な人の病気や死、失恋、解雇、倒産、挫折、職場や友人とのトラブルなどがある。これらのストレスは容易には解決しないものが多く、ストレス反応を引き起こす。私たちは大なり小なりストレスを抱えながら生活せざるを得ない。それに対処するには、脳のしくみを知ったうえで対処法を考えることが望ましい。

■脳におけるストレス反応

私たちの生存を脅かすような危険な状況では、ストレス反応は身体に対する警報装置のような働きをする。危険な状況では、すぐにストレスホルモンが出て、脳や血液中に放出される。これは、緊急事態なので、ほかの生理的な活動より優先して行われる。

肉体的なストレスがあると、視床下部→下垂体という経路でＣＲＨ→ＡＣＴＨというホルモンが出て、その結果、副腎からコルチゾールというストレスホルモンが分泌され、体内でエネルギー放出を増大させて緊急事態に備える。また、炎症反応や免疫応答は緊急事態では必要ないのでこれらを抑制する。

一方、精神的なストレスに対しては、交感神経系と副腎《ふくじん》髄質《ずいしつ》が活性化し、視床下部、扁桃体、青斑核《せいはんかく》などでノルアドレナリンというストレスホルモンが出て、心臓血管応答増大、呼吸増加、発汗増加、筋肉血流増加、精神活動刺激、代謝増大などで緊急事態に備える。また、動物実験によって、強いストレスに対して海馬や大脳皮質など脳のあらゆる部位でノルアドレナリンなどのストレスホルモンが分泌されることがわかっている。これは、脳があらゆる部位を使ってストレスに対抗していることを示す。

これらのストレス応答は、緊急事態では必要だが、長期的には害を与え、精神的な障害や記憶の障害に加え、心臓病、糖尿病、ガン、喘息、感染症、潰瘍などをもたらす。

■ストレス応答の進化論的な意味

ストレス応答が身体に長期的な害を与えるとしたら、その進化論的意味は何だろうか？　その問いに答えるためには、私たちの脳が長い進化を経て形成され、ホモ・サピエンスとして生きるようになってから20万年もかかっていることを考えなくてはならない。

ストレス応答は、生命が危機に瀕するような出来事に対処するためである。例えば、虎に出会うなど生命に危険が及ぶ場合に、心臓の鼓動が速くなってより強く血液を押し出し、血圧が上昇して血流と酸素とブドウ糖の輸送を増加させる。脳内アヘンが放出されて痛覚を鈍くし、攻撃中に受けた身体の損傷の苦痛がそこから逃げる能力を阻害しないようにする。そして、逃げるか戦うかの判断をする。進化の観点からは、生命の危険を回避できて、子どもが自給自足できるまで生きることができれば、熟年まで生きるかどうかはどうでもよいことになる。したがって、記憶の障害、精神的な障害、糖尿病や心臓病などの慢性的な障害は、生命に危険な緊急事態から脱出するための十分なノルアドレナリンやコルチゾールを放出するかどうかに比べれば重要ではなかった。有史以来、多くの人は生殖して子孫を養育するのに要する期間を超えて長くは生きなかった。

現代は、ホモ・サピエンスにとって都市化が進んだストレスの多い時代である。しかも、寿命が延びて高齢化社会を生きなければならない。私たちは、このような状況に応じてストレスに対処することを迫られている。

まとめ　私たちの脳は、心や身体が不快に感じることをすべてストレスと認識する。ストレスに対して、コルチゾールやノルアドレナリンのホルモンが出るが、これは生体が生存の危機に際して血流や呼吸を増やしたりするものである。これらのストレス応答は、緊急事態では必要だが、長期的には害を与え、精神的な障害や心臓病、糖尿病などをもたらす。

第70話 強いストレスが続くとどうなるか？

ストレスは一時的であれば、適度な緊張を保つことができ、目の前にある仕事に取り組むことができる。しかし、強いストレスが繰り返し加えられると、脳の中のストレスに弱い部分が変調をきたし、その害が身体全体に及ぶようになる。

■動物実験

ラットに、拘束、電撃、エサの制限などのストレスを繰り返し与えると、視床下部、扁桃体、青斑核におけるノルアドレナリンの分泌の増加が認められた。それに伴って、胃や十二指腸での潰瘍の発生、胸腺やリンパ節の萎縮、副腎皮質の肥大、血漿《けっしょう》中のコルチゾールの増加が起こり、ひどい場合は死亡した。

■海馬

海馬は大脳辺縁系の一部で、記憶や学習能力に関わる部位である。海馬はストレスに対して非常に弱いとされ、精神的および肉体的ストレスの負荷により長期間ノルアドレナリンやコルチゾールにさらされると神経細胞の萎縮を引き起こす。また、ストレス負荷により海馬歯状回における神経細胞の新生を阻害することが示されている。これらにより、ストレスは記憶や学習にも悪影響を与えることがわかる。

■神経栄養因子

神経栄養因子は神経細胞の生存や機能発現に必須の因子である。神経栄養因子は運動すると生成が促進され、ストレスがあると生成が阻害されることがわかっている。

動物実験によると、ストレスを負荷した脳内で脳由来神経栄養因子（ＢＤＮＦ）やグリア細胞由来神経栄養因子（ＧＤＮＦ）の量が減少し、神経細胞樹状突起にある棘突起（スパイン）の形態および機能変化を引き起こす。その結果、不安やうつ、記憶障害を引き起こすことが示されている。

■前頭前野

前頭前野は脳の中で進化的に最も新しく、高度に進化した領域である。この領域はゆっくりと成熟し、20代になってようやく完成する。前頭前野には抽象的な思考に関わる神経回路があり、集中力を高めて作業に専念させる役割を果たすとともに、ワーキングメモリとして働く。また、精神の制御装置としての役割があり、状況にそぐわない思考や行動を抑制する。これで、計画、意思決定、洞察、判断、想起などができる。

この神経は、錐体細胞という神経細胞同士が接続した大規模なネットワークを介して働く。錐体細胞は、感情や欲求、習慣を制御する脳領域とも接続している。このネットワーク内の回路は、日々の不安や心配に対して敏感に反応し、非常に脆弱であることがわかってきた。ストレスがかかると、脳全体に突起を伸ばしている神経からノルアドレナリンなどの神経伝達物質が放出される。この濃度が前頭前野で高まると、神経細胞間の活動が弱まり、やがて止まってしまう。ネットワークの活動が弱まると、行動を調節する能力も低下する。視床下部から下垂体に指令が届き、副腎がストレスホルモンであるコルチゾールを血液中に放出して、これが脳に届くと事態はさらに悪化する。こうして、自制心はバランスを崩していく。

ストレスは、感情や衝動を抑制している前頭前野の支配力を弱めるため、視床下部などの進化的に古い脳領域の支配が強まった状態になり、不安を感じたり、普段は抑え込んでいる衝動（欲望にまかせた暴飲暴食や薬物乱用、お金の浪費など）に負けたりする。

ヒトを対象とした研究により、ストレスに対する脆弱性は遺伝的背景や過去のストレス経験などが原因であることがわかっている。ノルアドレナリンによって高次認知に必要な前頭前野の回路が停止しても、通常はこれら神経伝達物質の分解酵素が働くため、機能停止は長くは続かず、ストレスが軽減すれば元の状態に戻る。しかし、慢性的なストレスにさらされると、扁桃体の樹状突起が拡大し、前頭前野の樹状突起は萎縮する。ストレスがなくなれば、前頭前野の樹状突起は再生するが、ストレスが非常に強いと回復能力が失われる。

■ストレスによる障害

前頭前野の萎縮は、過去のストレス体験と関連していることもわかってきた。ストレスによる脳内変化が生じると、以後のストレスに対してさらに脆弱になり、うつ病、依存症、心的外傷後ストレス障害（ＰＴＳＤ）などの不安障害につながると考えられている。

まとめ　強いストレスが繰り返し加わると、脳の中のストレスに弱い部分が変調をきたす。ストレスにより海馬の神経細胞の萎縮、海馬歯状回における神経細胞の新生の阻害、脳由来神経栄養因子量の減少が起こる。ストレスにより前頭前野の活動が弱まると、行動を調節する能力も低下し、自制心が失われて行き、うつ病、依存症、ＰＴＳＤなどの不安障害につながる。

第71話 ストレスをどのようにコントロールするか？

ストレスを受けてもそれに負けなければ一時的なもので何事も起こらない。しかし、ストレスに対応できず、ストレスを受け続ければ、心身ともに障害を生ずる。

■ストレスがあることに気づく

ストレスとうまくつきあうには、ストレスがあることに気づくことが必要である。車の運転を職業とする人は、いつも事故を起こさないようにというストレスを抱えている。でもそのストレスのおかげで事故なしで過ごせるのである。あるアンケートでストレスを感じていないという人が9％もいたということである。そういう人でもいろいろと話しているうちに「やはりストレスがあるのですね」となる。自分はストレスがあっても大丈夫だと思っている人も多い。数多くのストレスを乗り越えてきた人であっても、いつもそのように乗り越えられるとは限らない。人間は基本的に弱いもので、今まで想像できなかったようなストレスに出会うとそれに負けてしまう。ストレスのサインとしては、疲れる、睡眠がうまく取れない、食欲が低下するなどがある。

■見方を変える

車をバックさせていたとき、塀に後部をぶつけてしまったとする。少しへこんだがケガ人はいなかった。こんな場合に、いつまでも失敗を悔やんでくよくよ考えているとストレスをためこむ。大きな事故でなくケガ人がいなくてよかったと思うと、ストレスをためずにほかのことに取り組める。起こった出来事を1つの方向だけから見るのではなくて、ほかの方向から見るのはとても大切なことである。これは、動物にはできず、人間だからできることである。悩んでいる対象に対する構えを思いつめた状態から少しゆとりのある状態に変えることができれば少し楽になる。普段から「ちょっと見方をかえる」ことができている人は、ストレスに対処しやすい。

■無理をしない

ストレスを感じ、調子が悪いと思ってもついつい無理をしてしまう人がいる。「ここで休んでは評価が下がる」とか「ここで休むと迷惑をかける」と頑張り続けるとどんどん悪くなる。人はときに弱みを見せることも必要である。きっぱり休むとまた元気が出てくることが多い。

■悲しいときやつらいときに流す涙

人は悲しいときやつらいときに抑えきれずに涙を流す。これは自然に備わったストレスの解消法である。ストレス状態は交感神経の緊張が非常に高まっている状態である。人は起きている間は交感神経が優位に働くので、交感神経の緊張を緩めることはできない。この緊張を緩めるには寝てしまうことが有効である。寝ると身体は副交感神経優位に切り替わるので、ストレスも緩和される。ところが、起きている状態でも副交感神経優位になる方法が1つだけある。それは涙を流すことである。涙腺は副交感神経の支配下にあるからである。ではどんなときに涙を流せるのだろうか？　それは長いストレス状態の後に感極まって涙が出るのである。スポーツ選手が試合の終わった後に見せる喜びの涙や悔し涙もそんな涙である。男は涙を見せるものではないと言われてきたが、そんな涙は見ていて気持ちがよい。ストレスの解消法として、映画やドラマを見て涙を流すのもよい。

■ドーパミン神経を活性化する

ドーパミン神経を活性化すれば、ストレスの解消になる。そのためには、脳にとって報酬になること、快いと感じることをする。ただ、報酬を得るには努力が必要でそれがストレスになる。例えば目標の大学に入学することが心から願っているとすれば、そのための勉強はストレスとは感じない。

運動することがドーパミン神経を活性化し、脳の血流を良くし、脳の栄養成分を増やし、心地よさを感じるようになる。また、人との交流を楽しむことができればストレスの解消になる。

■セロトニン神経の活性化

セロトニン神経を活性化すれば、ストレスの解消になる。そのためには、朝に太陽の光を浴びることから始める。太陽の光で脳が覚醒し、セロトニンが分泌され、メラトニンが夜に脳の松果体《しょうかたい》から分泌されて眠くなる。運動することが、ドーパミン神経だけでなく、セロトニン神経を活性化する。セロトニン神経は脳に静かな覚醒をもたらし、平常心の維持をもたらす。また、前頭前野の活動が正常に行われるよう支えている。

まとめ　ストレスを受けてもそれに負けなければ何事も起こらない。ストレスとうまくつきあうには、ストレスのサインに気づく必要がある。ストレスを感じて体調が悪ければ無理をしない。悲しいときやつらいときに流す涙はストレスの解消になる。朝に日光を浴びたり運動することは、ドーパミン神経やセロトロン神経の活性化を促し、ストレスの解消に有効である。

コラム 10　涙の効用

涙は目の表面を潤し、老廃物を洗い流す役割がある。涙腺から１日に平均１～３ ml の涙を出して目を潤している。目の表面の角膜が乾燥して傷まないよう保護するためである。粒状の涙が外に出るのは目にゴミなどが入ったときで、ゴミを洗い流す役割である。

◎感情的な涙

それとは別に、人間だけが流す感情的な涙がある。ヒトの情動と涙との関係については、歴史的に長く議論がなされてきた。19 世紀末に、人は情動を引き起こすような外部刺激があったときに、まず身体に変化が現れ、それを認知して情動が現れるとしたジェームズの説が出た。「悲しいから涙が出るのではなく、涙が出るから悲しいのだ」と彼は述べ、当時の研究者たちに大きな衝撃を与えた。20 世紀に入ってキャノンは、外部刺激がまず視床に入り、大脳皮質で情動を生む経路と、視床下部に至って生理的変化を促す経路に分かれるとした。彼は、情動と生理的反応の生起は同時だが、生理的反応は緩慢なため、結果として感情が先に生じるとした。

◎涙の効用

最近、東邦大学の有田秀穂教授は、涙を誘う映画を見る実験で協力者の脳の活動状況を調べ、共通の傾向を見つけた。涙を流す前には必ず、額のほぼ中央部にあたる正中前頭前野と呼ぶ場所の活動が急激に高まったという。この場所は、高度な精神活動をつかさどる前頭前野の中でも特に共感に関係している。

涙腺を刺激するのは神経の興奮を抑える副交感神経で、日中に働く交感神経とは違う。有田教授は「正中前頭前野は、起きながらにして副交感神経を働かせる引き金の役割を担っている」と言う。その効果は一晩の睡眠に相当するほど大きいらしい。喜びも悲しみもストレスの一種といえる。有田教授は「社会生活を送るなかで人間は、涙を流すというストレスの解消法を身につけたのではないか」と推測している。ストレス社会に生きる現代人は、理性で感情を抑え込むばかりではなく、心揺さぶられたときには大いに泣くことも必要なのかも知れない。

第11章　こころと脳

「自分とは何か」　これは哲学者や宗教家などが長年問い続けてきたテーマである。多くの脳科学者は「こころ」は脳にあると考えている。本章では、脳科学でこころは解明できるか、速いこころと遅いこころ、こころは遺伝するか、恋愛の感情は脳のどこで生まれるか、情動による速いこころを理性は制御できるかなどについて述べる。

第72話　脳科学でこころは解明できるか?

「自分とは何か」これは古くから哲学者、宗教家などが問い、答えようとしてきたテーマである。これは「こころ」が自分をつくっていると言いかえることができる。そして、多くの脳科学者は「こころ」は脳にあると考えている。

もしそうだとすれば、「こころ」は脳のどこにあるのだろうか? 脳科学者は実験的な手法でこの問題に取り組んできた。動物の脳の一部だけを破壊して行動の特性がどう変わるかを調べた。また事故や手術で脳の一部が破壊され機能しなくなった人や脳のある部分の連絡が切断された人に各種の心理学的な実験を行うことで、いろんなことがわかってきた。

■自己意識

自己意識とは、自分自身に向けられる意識で、2つに分けられる。1つは、他者が観察できる自己の外面に向けられる公的自己意識、もう1つは、他者から観察できない自己の内面に向けられる私的自己意識である。公的自己意識と私的自己意識の脳内基盤が違うことがわかっている。

ヒトは1・5～2歳ごろに公的自己意識を持つようになる。私的自己意識はもう少し後になってからである。

■こころの動きはどのようにしてわかるか

実験機器や技術の進歩により、動物の脳に電極を設置して、動物が課題を解く行動をしているときに、脳の神経細胞がどのように活動しているかが調べられるようになった。さらに、人が知覚したり、ものを考えたりしているときの脳の活動がｆＭＲＩなどの機器を使って調べられるようになってきた。そのことを利用して、逆にｆＭＲＩなどの情報からこころの中に浮かんでいるものを推定すること、つまり「脳を読む」ことができるようになってきている。

■こころの各種の機能に対応する脳の場所

脳科学の研究によって、こころの各種の機能に対応する場所があることがわかってきている。例えば、脳の扁桃体では、恐怖や不安という感情が、海馬では学習や記憶がつかさどられている。大脳皮質の前頭葉の一部であるブローカ野は、言葉を理解したり言葉を発したりするときに機能している。それで、脳の一部が壊れると、自分のこころのある側面が欠落することになる。例えば、前頭連合野の機能が低下すると、ものごとに取り組む意欲が落ちて、計画的な行動ができなくなる。こうなると、自分は自分でなくなるという感じがしてくるが、それでも自分は自分だと考えることもできる。しかし、そう言えるのもこころの中に意識があるうちは、自分は自分だと言えるが、意識がなくなっても自分だと言えるだろうか？　その意識が脳のどこにあるかはまだ解明されていない。

■こころの共感性

人は他者の立場に立って、その人の気持ちを推察することができる。他者の幸福や不幸を脳内でシミュレーションして疑似体験することもできる。この他者は、小説の登場人物であることもある。そのとき、脳内の大脳辺縁系や報酬系は自分が体験したときと同様に機能し、他者の幸福を喜んだり、他者が感じた恐怖体験を脳内で疑似体験している。また、嫉妬などのかなり複雑なこころにも共感性が関与している。ある報酬を他者が得られ、自分が得られないことを理解できるためにそういう感情が生まれる。その結果、大脳辺縁系が活動し、ドーパミン、ノルアドレナリン、セロトニンなどのモノアミン系神経細胞群を動かすことによって、特有の気分とそのときのこころが生まれる。

このように、人は共感性を獲得することによって、他者とのコミュニケーションをとることが可能となり、集団生活や社会への適応が可能となった。

■将来予測とこころ

人は、前頭前野の機能によって、将来をシミュレーションする能力も身につけた。それは、将来の希望に向けて、報酬系を駆動する機能である。これによって、人は、将来の結果を想定しながら努力することもできるようになった。一方では、将来を悲観して、大脳辺縁系が発動するストレス応答が起こってしまうこともある。このように、前頭前野の機能が大脳辺縁系に働きかけることで、人のこころはより複雑につくりあげられている。

まとめ　脳科学によってこころの各種の機能に対応する脳の場所があることがわかってきている。扁桃体では恐怖や不安の感情が、海馬では学習や記憶が、大脳皮質のブローカ野では言葉を発する機能がつかさどられている。人は共感性によって、他者とのコミュニケーションができ社会への適応が可能となった。前頭前野の機能によって、将来予測の能力も身につけた。

第73話 速いこころと遅いこころとは？

心理学の分野では、私たちのこころには2種類の働きがあると言われている。1つは、直感的、無意識的な側面で「速いこころ」と呼ばれるものである。これは、脳の部位では主として大脳辺縁系や大脳基底核が働き、情動が支配しやすいこころの動きである。もう1つは、意識的、合理的な側面で「遅いこころ」と呼ばれるものである。これは、脳の部位では主として大脳皮質の前頭前野が働き、論理が支配しやすいこころの動きである。

例えば、店のショーウインドーでおいしそうなケーキを見たら、速いこころは、「おいしそう、食べたい」と思う。一方、遅いこころは、食べたいとは思うが、「待てよ、最近太りぎみだし、お金もかかる」と思って買うことをやめる。また、子どものマシュマロテストというのがある。今すぐだとマシュマロを1個もらえるが、20分後だと2個もらえる。その後の追跡調査で、2個もらった子どもの学歴が高かったという。

火事で差し迫った危険の中にある場合は、すぐに逃げることを優先しなければならない。これは速いこころで直感的な対応が優先される場合である。遅いこころであれこれ考えていては逃げ遅れてしまう。

■速いこころ

速いこころは、直感的、情動的、自動的、本能的な欲求に基づくこころである。「動物的な勘」と言われるように、動物が長い間に獲得したこころである。これは、自分の力でこころを制御するというより、努力をせずに自動的に働くこころの動きである。

心理学で用いられる課題で、いろいろな色のインクで書かれた赤、青、緑の文字が示される。実験参加者は、文字を読むのではなく、文字が書かれたインクの色を答えるように求められる。文字と色が一致している場合は、答えるのは簡単である。ところが、赤いインクで青と書かれたり、緑のインクで赤と書かれたりすると、とたんに難しくなる。私たちは、文字があるととっさに読んでしまう傾向があるため、インクの色を正しく答えるためには、自動的に判断する傾向を制御する必要がある。このように、ぱっと目に入ってきた文字を読む、自分の周りで聞こえた音の方を振り向く、など情動や欲求によらないプロセスの中にも速いこころの働きがある。

■遅いこころ

遅いこころは、合理的な判断、論理的な思考、自制心など意志の力によるこころの働きを支えている。遅いこころが速いこころにブレーキをかける存在とも言える。遅いこころを働かせるには努力が必要で、時間もかかる。遅いこころは、学習によって獲得される論理や特定のルールに基づいた思考も展開されるので、かなりの部分で言語に依存している。また、速いこころとは対照的に、長期的な利益を考慮に入れることができる。

遅いこころを働かせるには、ある程度の集中力を必要とする。それで、別のことに気をとられているとうまく機能しない。遅いこころで一度に処理できる量に限界があるため、同時に複数のことを処理できない。このように注意力を要する課題に取り組む状況を心理学では「認知的負荷が高い」という。例えば睡眠不足だと遅いこころはうまく働かない。また、飲酒も私たちのこころに大きな影響を与える。良い酔い方をする人は、明るく楽しく饒舌になる。悪酔いをする人は、その正反対になる。普段は抑え込んでいる負の側面が出てくるのかも知れない。アルコールは自分自身を監視している遅いこころの機能を低下させる。

■速いこころと遅いこころの葛藤

速いこころは外界の刺激を素早く評価し、緊急時に素早く行動を起こすことができる。また、膨大な情報量に惑わされることなく直感的な判断で行動を選ぶことができる。一方、危機が迫っていない状況では、遅いこころによって熟慮し、より合理的な行動を選択できる。

ただ、速いこころと遅いこころは対等な関係ではない。普段、私たちは多くの場合、速いこころの自動的な働きに任せている。特に問題がなければ、遅いこころを必要としない。速いこころが「こうしたい!」というのを温かく見守るだけである。ところが、速いこころの要求を抑えたい場面もあって葛藤もある。理性的に遅いこころで考えると彼女と別れたほうがよいと思うが、情感としては彼女が忘れられないということもある。

まとめ　私たちのこころには、速いこころと遅いこころの2種類があると言われている。速いこころは、直感的、無意識的な側面で、大脳辺縁系や大脳基底核が働き、情動が支配しやすい。遅いこころは、意識的、合理的な側面で、大脳皮質の前頭前野が働き、論理が支配しやすい。遅いこころを働かせるには努力が必要で、長期的な利益を考慮に入れることができる。

第74話 こころは遺伝するか？

私たちは一人一人、自分の設計図である遺伝子を持って生まれてきた。その遺伝子が自分を自分たらしめている要因であることは事実である。では、こころの性質や行動の特性などの個人間の違いはどこからきているのだろうか？遺伝学では、個体間の差は遺伝子の型によって決まるとしている。遺伝子には、その塩基《えんき》配列の一部が個人ごとに違う多型《たけい》が知られている。

■ヒトの身体の遺伝情報

ヒトの身体は60兆個の細胞からできている。細胞はリン脂質でできた細胞膜の中に、タンパク質、核酸《かくさん》、糖類が水中に溶け込んでいる。細胞の中心部には核があり、その中にDNAが入っている。ヒトの身体は主に10万種類あるタンパク質でできているが、その多種のタンパク質が役割分担しながら細胞の活動を支えている。この多種のタンパク質をどう作るかという指令を出している暗号が、遺伝子である。遺伝子は、物質としてはリン酸と糖と塩基からなるDNA上に書かれている。その暗号は、DNAに含まれる4つの塩基アデニン（A）、チミン（T）、グアニン（G）、シトシン（C）の組み合わせで決まる。ヒトの遺伝子は2万数千あると言われているが、それはヒトの遺伝子を構成する塩基配列ATGCの組み合わせが2万数千種類あることに対応する。ヒトに最も近い動物種であるチンパンジーの遺伝子が解読され、ヒトの遺伝子との比較が行われたが、遺伝子の違いはわずか3・9%であった。

例えば、ある遺伝子の一部分の塩基配列について、100人のうち70人がATGCATGCで、30人がATGCATGAと文字が1つ異なるとする。一塩基だけ異なっていることを一塩基多型（スニップ）と言い、最もポピュラーなタイプで、30億文字のうち300万くらいあると言われている。どんな遺伝子の多型を持っているとどんな病気になるリスクがあるとか、その影響が調べられている。こころの性質と遺伝の型との対応については、それほど単純ではないが、何らかの影響があると考えられている。

■氏か育ちか

日本で言う氏か育ちかという問いかけは、ここでは人間の性格や行動は遺伝で決まるのか、それとも育ってきた環境や経験で決まるのかという問いかけである。その問いかけの答えは両方である。遺伝子が行動に影響を与えることについては、動物やヒトから得られた膨大な証拠があるが、どの遺伝子がどの行動に影響を与えるかは突き止められていないのが現状である。

遺伝子が行動に影響を与える証拠は、主にヒトの一卵性双生児の研究から得られたものである。一卵性双生児は1つの受精卵から生まれるので、遺伝子レベルでは完全に同じである。一方、二卵性双生児では卵子も精子も別なので、双子ではない同じきょうだいと同じくらいの遺伝子の差がある。それで、一卵性双生児と二卵性双生児を比較することで、行動の特性やこころの性質がどの程度遺伝するか推定できる。知能テストとの相関の調査では、一卵性双生児では0・85、二卵性双生児では0・59、きょうだいでは0・46と遺伝の影響を受ける結果となっている。それ以外にも、外向性、神経質さ、言語的推論能力などが遺伝の影響を受ける。

環境の影響については、上に述べた知能テストとの相関のデータは同居している場合のものであるが、別居の場合も同じように調べられている。それらの値は、一卵性双生児では0・74、きょうだいでは0・24と同居の場合に比べて値が低くなっている。このデータから、知能テストの成績は環境の影響を受けていることは明らかで、氏も育ちも大切であることを示す。

■遺伝子欠損マウスでの実験

遺伝子によるこころや行動への影響については、遺伝子欠損マウスを使った実験がよく行われている。マウスは2万数千種の遺伝子を持っていてヒトとほぼ同じだし、ヒトの遺伝子と似ている。実験にはある特定の遺伝子を欠損（ノックアウト）させたものとそうでないマウスとを比較する。カルシニューリン（カルシウム依存性タンパク質脱リン酸化酵素）のノックアウトマウスは、作業記憶の障害、社会性に障害を示すことがわかった。

このような実験をいろいろな遺伝子のノックアウトマウスを使って、行動やこころへの影響が調べられつつある。

まとめ　私たちの遺伝子が自分を自分たらしめている要因であることは事実である。一卵性双生児と二卵性双生児の比較研究では、一卵性双生児のほうが知能テストとの相関が強く、同居と別居の影響も受けることがわかった。したがって、こころは遺伝するかという問いに関しては、遺伝するが環境にも影響を受けるという答えになる。

第75話 恋愛の感情は脳のどこで生まれるか？

恋愛中は私たちの人生の中で最も喜怒哀楽の感情が表に出る。恋愛がうまくいっていると大きな幸福感に満たされるが、うまくいっていないと失意のあまり食事も喉に通らなくなる。結論を先に述べると、恋愛では、速いこころが主に支配し、進化的に古い脳の領域が主として活動する。

■恋愛を支える脳の報酬系

恋愛にはどのような脳のメカニズムが関わっているのだろうか？　もちろん、恋愛の意思決定はとても複雑なので、単一の脳領域で実現しているのではない。さまざまな脳領域が複合的に関わっているが、特に重要なのが報酬系である。

恋愛に関する脳のメカニズムの研究には、十数名の若い男女が実験に参加した。参加者は自分の恋人の写真と、恋人と年齢および性別が同じの友人の写真を見せられ、そのときの脳の反応をｆＭＲＩを用いて調べられた。その中で恋人の写真に対する最も重要な反応が左脳および右脳の尾状核と被殻に見られた。尾状核と被殻はともに大脳基底核にある背側線条体を構成する報酬系で、脳内の神経伝達物質のドーパミンによってその活動が支えられている。背側線条体は側坐核とともに、報酬情報の処理を担っている。

このようなｆＭＲＩを用いた実験は、アメリカおよびイギリスで行われ、同様な結果が得られている。また、尾状核と被殻だけでなく腹側被蓋野という部位にも活動が観測されている。腹側被蓋野は中脳の一部で、発生論的には古い脳に属する。ここには、ドーパミンを放出するドーパミン作動性神経細胞が多く存在し、ほかの領域にドーパミンを分配している。中脳辺縁系と呼ばれる経路では、腹側被蓋野から側坐核へ、また中脳皮質系と呼ばれる経路では、腹側被蓋野から前頭葉へと情報伝達がなされる。

また、これらの実験前に恋愛感情についてのアンケートが行われ、恋愛の熱烈度が測定された。その熱烈度と尾状核の活動度とは正の相関があることがわかった。これは、尾状核の活動が恋愛感情に伴うものであることを示すとともに、主観的な恋愛感情の強さと、客観的な脳活動の指標との間に密接な関係があることを示す。

■ドーパミンの活動測定

恋愛と報酬系の関係を詳しく調べるために、ＰＥＴを用いたドーパミンの測定が行われている。ＰＥＴは放射性同位体を薬剤に組み込んで個体に投与することで、その体内分布を画像化できる。炭素の放射性同位体 ^{11}C を組み込んだラクロプライドという薬剤を用いる。ラクロプライドは、ドーパミンが放出されてその刺激を受ける細胞にあるドーパミン受容体に結合して放射線を出すため、脳内のドーパミンの放出を測定できる。

実験は恋愛中の被検者が恋人の写真を見る方法で、PETによる脳内の撮像が行われた。その結果、恋人の写真を見たときに、眼窩前頭皮質と内側前頭前野において、ドーパミン神経が活性化している。眼窩前頭皮質は前頭前野の複数の下位領域の中で、特に情動や欲求との関連が深く、報酬情報の処理に密接に関係している。恋人の写真を見た直後の主観的な興奮の程度と、眼窩前頭皮質におけるドーパミン神経の活性化の程度とが相関していた。背側線条体、腹側被蓋野、眼窩前頭皮質はすべて報酬情報処理に重要な役割を担っており、恋愛感情の神経基盤である。

■失恋における脳活動

失恋はつらいが、交際中の恋人同士が破局を迎える場合は、特に深刻である。振られた側は、この人こそという思いが強いほど、悲しみが強く、立ち直るのがむずかしい。「失恋したばかりで立ち直れない人募集」という広告を見て、fMRIによる実験に参加した人たちがいる。fMRIによる撮像中に、元恋人の写真を見せられて脳の反応が調べられた。意外なことに、脳の反応は恋愛が順調な場合と同様な報酬系の活動が確認された。具体的には、腹側被蓋野、側坐核、眼窩前頭皮質の領域が元恋人の写真を見たときに強く反応した。この現象は、失恋しても相手のことを忘れられない、あきらめきれないという心理状態を反映しているものと思われる。その人はもう手に入らないのに、脳が勝手に相手を求めている状態である。

まとめ　恋愛では速いこころが主に支配し、進化的に古い脳の領域が主として活動する。恋愛中は腹側被蓋野でドーパミンを放出する作動性神経細胞が活動し、ほかの領域にドーパミンを分配する。失恋した人が元恋人の写真を見せられたときの脳画像は、恋愛がうまくいっているときと同様の反応が見られた。これは、脳が勝手に相手を求めている状態である。

第76話 情動による速いこころを理性は制御できるか？

私たち人間は、理性や自制心で情動や欲求を制御できるのだろうか？

通常私たちは、速いこころと遅いこころのバランスを取りながら意思決定をしている。皮質下で起こる情動や欲求を主に前頭前野による理性や自制心によって制御している。

■速いこころが優勢な場面

時として速いこころと遅いこころのバランスが崩れたり、意思決定の種類によっては初めから遅いこころが関与しないこともある。お金を使う、株式投資をする、あるいは恋愛をするなどの日常的な意思決定の中にも自分自身を制御できない場面がたくさんある。私たちの脳の働きが、現代社会に追いついていないのかも知れない。私たちの祖先が狩猟と採取をしていたころと比べれば、ギャンブルや投資話など意思決定すべき内容も量もはるかに違ってきている。お金がなかった狩猟と採集の社会では、投資の失敗などということ自体が考えられなかった。

多くの心理学者たちは、自分の行動を自分の意志で制御するということが、簡単なようで非常に難しいと考えている。ギャンブルにはまるとやめられないのはその典型としても、いろいろな実験から多くの局面で人は速いこころの意思決定を止められないと指摘している。

■遅いこころが速いこころを制御できる場面

ある心理学者は、理性の力が文化や宗教、道徳的価値観に違いがある集団間や対立の解消にも寄与できると主張している。彼は私たちのこころはカメラのようなものであるとしている。カメラにはオートモードの自動調節機能と、マニュアルモードの手動のピント合わせの機能がある。オートモードでは素早く写真を撮ることができ、マニュアルモードはより細かいピント合わせができるが時間がかかる。彼は、オートモードは速いこころに、マニュアルモードは遅いこころに対応させて説明している。通常は、速いこころに任せてよいが、重要な場面では精細な調整ができる遅いこころの出番となる。

解離性健忘患者の脳はｆＭＲＩ検査により、遅いこころが海馬を制御していることがわかっている。解離性健忘とは、脳の損傷ではなく主に精神的なストレスにより、過去の記憶が想起できない状態である。患者は、借金や家族間の不和、仕事上のトラブルなど忘れてしまいたい事情を抱えている。ｆＭＲＩ検査では、背外側前頭前野の活動の増加と、記憶処理に必要な海馬の活動の減少が関連していた。一例では、解離性健忘が改善すると同時にそのような脳活動の変化は消失した。もう一例では、解離性健忘が改善せず、脳活動の変化もなかった。これらの結果は、背外側前頭前野の機能、つまり遅いこころによる制御によって海馬の活動低下がもたらされ、過去の記憶想起の抑制が働いたことを示している。遅いこころの働きは、特定の記憶が意識に入ってこないようにするほど強力に作用したと考えられる。これは意識して自在にできることではないため、私たちの日常に生かせることではないが、遅いこころによる制御は強力な機能を持っていることがわかる。

■脳の取扱い説明書

私たちは理屈ではわかっていても直感的、自動的、情動的なこころの動きを制御できない場面を多く経験している。どうしたらそういう速いこころを俯瞰的に捉えて前頭前野が働く遅いこころで制御させるかは大きな課題と言える。カメラの例だと、オートモードの自動調節機能と、マニュアルモードの手動の機能とをうまく活用する方法を身につけることが課題と言える。それがわかれば私たちは脳の取扱い説明書を手に入れたことになる。

現在の脳科学ではまだ速いこころと遅いこころがせめぎあう場合の脳の働きを解明できていない。今のところは、そういう場面に直面した場合は、信頼できる人に相談するとか、適切な本を読んでヒントを得るしかない。そして、そういう場面を何回も通り抜けてきた人生経験を持つ人が脳の取扱い説明書の何ページかを書くことができる。ただ、人類はまだその取扱い説明書を完成させるには程遠い段階にある。

まとめ　皮質下で起こる速いこころの情動や欲求を主に前頭前野による理性や自制心によって制御している。私たちは、お金を使う、ギャンブルをする、恋愛をするなどの日常的な意思決定において自分自身を制御できない場面が多い。現在の脳科学では、まだ速いこころと遅いこころがせめぎあう場合の脳の働きを解明できていない。

第77話 こころは脳の物理的な反応として説明できるか？

17世紀の哲学者のデカルトは「我思うゆえに我あり」という有名な言葉を残した。彼は脳の松果体に自己意識があると考えた。彼の考えは心身二元論の1つと捉えられている。心身二元論では、この世界には、肉体や物質といった物理的実体とは別に、魂、自我、精神、意識などと呼ばれる能動性を持った心的実体があるとする。

■物理的な一元論によるこころの理解

大多数の脳科学者は、デカルト流の心身二元論を否定し、こころの状態や体験を脳の物理的な過程に還元する。彼らは物質とは異質の存在である意識、こころ、精神、魂、自我というものを唯物的、物理的に説明できるとする。例えば、ある感情が起きたとき、それを脳のある部位の血流の増加として実験的に観測できるので、その感情の原因は脳のその部位の活動によるものだと結論づける。

物理主義的脳科学者に対する批判もある。物理主義的脳科学者らは「実在を客観的世界に限定する」という枠組みで活動をしている。しかし、その学問的な営みの客観性を語る当事者だけは、客観的世界に含まれていない。当事者は、「客観的世界を創造した神の視点」に立っていると批判している。

■物理主義的立場に立たない脳科学者

エックルスはシナプス後電位という、現在の神経細胞のネットワーク理論の基礎となる現象を発見し、ノーベル賞を受賞した脳科学者である。彼は、物質的な脳とは別に自我、魂、心、意識、精神といった非物質的なものを認める数少ない脳科学者である。1977年、ポパーとエックルスは『自我と脳』という本を出し、話題となった。

■ポパーによる3つの世界

ポパーは、世界は物質の諸相を示す世界1、主観的な知識を示す世界2、文化の諸相を示す世界3から成り立っていると考えた。世界1は、宇宙を構成する物質とエネルギー、人間の脳を含むあらゆる生物、人工物を示す。世界2は、知覚、思考、感情など個人の心をなす意識を示す。世界3は、哲学、神学、科学、文学、芸術、歴史など客観的に存在する文化的知識を示す。彼によれば、これらの3つの世界は、世界2を中心として互いに密接につながりあっている。3つの世界は進化論的には、世界1→世界2→世界3と進化するが、ポパーとエックルスは、世界3から世界2への逆方向への影響が重要だと考えている。これが心脳相互作用の核心と言える。

■意志の自由の否定

リベットは、手を動かそうという自由意志と手の動きに先立つ準備電位の測定実験を行った。その結果、手を動かそうという意志は、準備電位が現れてから後に現れることがわかった。このことから、脳活動が自由意志に先行するとする議論が起こった。その後、ロートは意思の自由を否定し、行動を引き起こしたのは私ではなく、脳であるという脳決定論を主張した。

これに対し、「私が感じる」を脳が感じる」にするのは、一人称の私の記述を脳という三人称の記述にすることになり、言語論的に誤りであるとの批判がある。

■意識のやさしい問題と意識の難しい問題

意識の難しい問題は、1994 年当時「意識に関する大きな問題はもう何も残されていない」と考えていた一部の神経科学者や認知科学者、関連分野の研究者に対する批判としてオーストラリアの哲学者のチャーマーズによって提示された。

彼は、「物質としての脳がなぜ心を持つのか」といったぼんやりしたやさしい問題では議論が深まらない、「物質としての脳がなぜ主観的な意識体験を持つのか」といった狭い形の難しい問題を中心に議論すべきだとした。

「意識のやさしい問題」とは、物質としての脳はどのように情報を処理しているかという形の問題を指し、医学、脳科学、生物学の分野で現在なされている研究を指す。

「意識の難しい問題」とは、主観的な意識体験とは何なのか、それは脳の物理的・化学的・電気的反応とどのような関係にあるのか、またどのようにして発生するのかという問題を指す。主観的な意識体験を外部から観測する方法がないため、科学的方法が通用するかどうかすらわからないという意味で難しいとされている。多くの脳科学者がこの問いをめぐって意見を述べている。

まとめ　大多数の脳科学者は、デカルト流の心身二元論を否定し、こころの状態や体験を脳の物理的な過程に還元する。彼らは物質とは異質の存在である意識、こころ、精神、自我を唯物的、物理的に説明できるとする。一方、物理主義的脳科学者に対する批判もあり、心身二元論に立つノーベル賞受賞者もいる。

コラム 11 脳死

脳死とは、ヒトの脳幹、大脳、小脳のすべての機能が回復不能と認められた状態である。これが日本を含む多くの国での脳死の定義である。イギリスを含むヨーロッパの一部の国では、脳幹のみの機能低下を条件とする「脳幹死」を採用している。脳幹は呼吸、心拍、体温調節など生命維持に必要な機能を担うため、脳幹の機能停止はやがて全脳死につながるとの考え方による。

なお、植物状態は脳死と混同されやすい。植物状態は、大脳の機能が停止または著しく低下しているが、脳幹の機能は維持されている状態である。心臓が動き、呼吸もできるため、人工的に栄養を与えると生き続けることができる。

医学が発達していなかったころは心停止が人間の死とみなされていた。現代では、死は、脳、心臓、肺すべての機能が停止した場合と定義されており、医師が死亡確認の際に呼吸、脈拍、対光反射の消失を確認することはこれに由来している。

医療技術の発達により、脳の心肺機能を制御する能力が失われ、自発呼吸ができなくなっても、人工呼吸器により呼吸と循環が保つことができるようになった。脳死は、心肺機能に致命的な損傷はないが、頭部にのみ事故などで強い衝撃を受けた場合や、くも膜下出血などの脳の病気が原因で起こることが多い。また、心肺停止となった時点で数分以上経過すると、脳は低酸素状態に極めて弱いため、脳死となる可能性が高くなる。

◎脳死の判定

脳死の判定は、臓器提供などを前提に、法的な証明が必要な場合にのみ行われる。これは、人工呼吸器を外すなど、患者を人為的に心停止に至らせる手順を含むためである。

脳死判定の基準は、深い昏睡、瞳孔の光反応、脳幹反射の消失、平坦脳波、自発呼吸の消失、6 時間後の再検査の 6 つからなる。このうち、深い昏睡は、眉毛の下あたりを強く押すことで、三叉神経を刺激して反応がないことを確認する。瞳孔の光反応は、瞳孔に光を当てて変化がないこと、瞳孔は直径 4mm 以上で固定されていることを確認する。脳幹反射の消失は、角膜を刺激したときにまばたきしない、のどの奥を刺激したときに吐き出すような反応がないなどを確認する。平坦脳波は、30 分以上脳波が検出されないことを確認する。

第12章　脳の活性化

年をとると物忘れが多くなり、身体の衰えとともに脳の衰えを感じる場面も多くなる。本章では、身体の若さと脳の若さは何で決まるか、脳の活性化を阻害する要因、そして、脳の活性化をもたらす生活習慣について述べる。

第78話 身体と脳の若さは何で決まるか？

年をとると物忘れが多くなり、身体の衰えとともに脳の衰えを感じる場面も多くなる。身体の若さと脳の若さは何で決まるのだろうか？　両方とも遺伝的な因子と環境で決まる因子とがある。

■寿命を決める遺伝的な因子

身体の若さを決める要因は多岐にわたるので、ここでは長生きできる人を身体が若いと考える。両親や祖父母が長寿であれば遺伝的には長寿である確率が高い。逆に、両親や祖父母がガン、心臓疾患、糖尿病などで60歳以下で亡くなっていると、これらの病気になりやすく寿命が短くなると言える。

■環境によって決まる身体の若さ

環境によって決まる因子として最も大きいのは、生活習慣である。

日常的に運動することは、血流を良くし、太りすぎを防ぐことになる。ジョギングやウオーキングなどの有酸素運動を1日40分以上、週に3日以上続けることが望ましい。有酸素運動をやっていると充実感があり、生活姿勢が前向きになる。身体を動かす仕事を長くしてきた人の寿命は長いというデータもある。

食事のバランスに気を付け、食べ過ぎないことも必要である。ファーストフードの摂りすぎや野菜不足などでビタミンやミネラルの不足が問題となる。肉類などの良質なタンパク質は必須であるが、偏って摂り過ぎると血流を悪くし、動脈硬化の原因になる。食べ過ぎが良くないことは動物実験などでも確認されている。

健康に害があるのはタバコである。ニコチンの害は知られているが、喫煙によって活性酸素が発生し、細胞や臓器を傷つけ病気の原因となる。活性酸素が人の寿命を短くするという説があり、タバコを控えることが望ましい。また、酒類は飲みすぎなければ害にならない。1日に日本酒で1合以下が望ましい。

規則的な睡眠も健康の維持には必要である。7時間程度の睡眠時間を確保する。できれば朝に散歩することが望ましい。

人と交流するのも若さの維持には必要である。家族との会話が少なくあまり外に出ない人は、年を取ると認知症への道を進みかねない。趣味を通して人と接する機会が多い人は刺激を受ける機会が多いので気持ちが若くなる。人と接するなかで笑う機会が増えれば、幸福感が出る。その中に異性がいれば若さを保つのにより有効である。

■遺伝的に決まっている脳の若さ

脳の神経細胞の数は、生まれたときが一番多く、年齢とともに減少する。また、海馬や大脳皮質などでは新しく神経細胞が作られることがわかっており、若いほどその数が多い。脳の可塑性は思春期が最も大きく、成人後は緩やかに減少する。脳の成熟が最も遅いのは意思決定などに関わる前頭前野で、20代まで成長が続く。これらの脳の年齢に対する変化は遺伝的に決まっている。したがって、脳の若さとは神経細胞の数が多いことと脳の可塑性が大きいことと言えそうである。ただ、成人後の脳の老化の程度はほかの細胞に比べて緩やかである。

■環境によって決まる脳の若さ

脳の神経細胞は使われないと死んでいく運命にある。したがって、脳を使うような生活習慣を持っているかどうかが脳の若さを決める要素になる。特に、海馬や大脳皮質などで新しく作られる神経細胞は、新しい刺激によって活性化される。脳は時期を問わず常に変化している。新たな技能を習得すると、神経細胞に生化学的な変化が起こり、シナプス間の伝達が強まるか弱まるかする。これをシナプス可塑性と呼び、生涯を通して続く。新たなことを学習する人の脳は若い。脳の成長力は年を重ねるほど個人差が大きくなる。

■主観年齢と実年齢

韓国の研究チームは、59〜84歳の被験者68人に、MRI検査による脳の内部の灰白質の密度測定を行って、年齢や記憶力などを調査した。それによると、主観年齢を実年齢より若いと答えた被験者は、同じくらいとか老けていると答えた被験者よりも、灰白質の密度が高く、記憶力が良く、うつの傾向も低かったという。これは、自分自身を若いと感じていると、物事に積極的に取り組むので、脳も活性化しシナプス可塑性が進んだためと考えられる。

まとめ　身体の若さも脳の若さも遺伝的な要因と環境的な要因とがある。遺伝的に決まる身体の若さは両親や祖父母の病歴や寿命で判定される。遺伝的に決まる脳の若さは神経細胞の数、脳の可塑性などで判定される。身体の若さと脳の若さの環境的な要因は生活習慣によって決まる。身体の若さを左右するのは、運動、食事、睡眠、タバコの習慣などである。

第79話 脳の活性化を阻害する要因は何か?

私たちの脳は、心や身体が不快に感じることをすべてストレスと認識する。したがって、心や身体が不快に感じている状態は脳が活性化しているとは言えない。以下に、脳の活性化を阻害する要因を挙げる。

■イライラして怒りっぽい

イライラして怒りっぽいのは、物事が自分の思いどおりにいっていないときにこころの中に生じる不快感による。そんな場合は、周囲からのちょっとした言葉や音などに過敏に反応して、不機嫌そうな声で返事をしたり、相手を無視したり怒鳴りつけたりする。その原因は、何らかのストレスを抱えていて、それがなかなか解消しなかったり、自分がそのようなストレスを抱えなければならない理由について、納得できなかったりすることによる。

また、怒っている最中は、脳がすごく非効率になる。頭を適切に使って、脳細胞を働かせたら、怒りは生まれてこない。怒ると「頭に血が上る」と言うように、脳の血流が過剰に上がって、不必要に酸素を供給する。そうすると脳は適切に判断できなくなってしまう。無理に脳を叱咤激励するために血流が過剰に増えるとパニックになって、自分自身を客観的に見られなくなってしまう。

■人の悪口を言う

人の悪口など、否定的な言葉を使ったとき、一番最初に聞こえるのは、自分の耳である。否定的な言葉は、脳の働きを鈍化させる。さらに、悪口について、大脳皮質は主語を理解するが、大脳辺縁系は主語を理解しないので、それを自分の悪口と誤解してしまう。ぶつぶつ愚痴をこぼすのも否定的な言葉と同様である。肯定的な言葉は脳を活性化させるが、否定的な言葉は、脳を萎縮させる。

■焦る

焦っているときは、脳の扁桃体が働き自分をうまく制御できない状態である。私たちは、「焦ってはいけない」と思うとよけいに焦ってしまう。なぜなら、私たちの脳は否定形をイメージできないから。例えば、「昨日の出来事を思い出せ」と言われると思い出すことはできるが、「昨日の出来事を思い出すな」と言われると脳はどうしてよいかわからない。焦っているとき、私たちの脳内ではノルアドレナリンが多く分泌されている。ノルアドレナリンは、適度に分泌されると、やる気や集中力を向上させてくれるが、焦りために過剰に分泌されると害をもたらす。

■人の目を気にしすぎる

人の目を気にして自分の行動を制限すると、脳は活性化しない。脳のネットワークは自分が意識しなくても他人とつながっていて、威圧的な人や自分が緊張してしまう人といると、その悪い感情が入り込み、脳が緊張して相手におびえてしまう。その結果、自分が攻撃されないように、嫌われないようにと気を遣ってしまうようになる。そんな場合は、自分の本音を出すようにしないと脳は活性化しない。

■朝食抜き

朝のすがすがしい目覚めは、その日1日を楽しく健康的に、そして積極的に生活するための重要なポイントである。朝食をとることにより、睡眠中に下がった体温を上昇させて、血流をよくし、食物をかむ動作、飲み込む動作によって、感覚神経や脳が刺激され、体全体を目覚めさせる。また食事からのエネルギーが脳に供給され、活発な活動を開始する。朝食抜きはそのような脳の活性化を妨げる。特に、昼夜逆転のような生活は脳を萎縮させる。

■ストレスをためこむ

ストレスは一時的であれば意欲がわいてそれに対処できる。ところが家に閉じこもることが多く、ゲーム、スマホ、テレビ、ビデオに頼る生活を続けていると、ストレスをためこむことになる。あるいはイライラ、焦り、怒りなどの感情を放置すると、ストレスに負けてしまう。そういう場合に、人はストレスを発散したくなるようにできている。外に出て散歩するとか、運動するとか、友達と酒を飲むとか、何かをしたくなるはずである。

ストレスに対してノルアドレナリンが分泌されるが、それが継続すると脳の海馬が萎縮し、セロトロンの分泌が少なくなる。セロトロン神経が活性化されていると、静かな脳の活性化がなされてストレスに対して強くなるが、それがないとストレスに弱くなる。やがて、胃潰瘍が発生し、うつ的な症状が出るようになる。

まとめ　脳は心や身体が不快に感じることをすべてストレスと認識する。イライラして怒りっぽい、人の悪口を言う、焦る、人の目を気にしすぎる、昼夜逆転などの生活を続けていると、ストレスをためこむことになる。ストレスに対してノルアドレナリンが分泌されるが、それが継続すると脳の活動が萎縮し、やがて胃潰瘍やうつの症状が出るようになる。

第80話 脳の活性化をもたらす生活習慣とは？

脳の若さについて遺伝的に決まる要素は変えられないが、環境によって決まる要素は私たちの意思で変えることができる。年齢に関わらず海馬や大脳皮質などでは脳細胞が新しく増えるし、機能低下の少ない老人は右脳と左脳の両方を使うなど脳の多くの場所を使って年齢に伴う神経機能の低下に歯止めをかけていることがわかっている。ただし、脳を変えるには私たちの考え方を変えるだけでは実現しない。私たちの行動を変え、それを習慣化することで、脳に「おや何か変わってきたぞ」と思わせることが必要である。

■楽しいことを習慣化

楽しいことやワクワクすることを考え、実行し、習慣化すると、若さをもたらすことにつながる。多くのことに好奇心を抱き、楽しいことや未体験のことにどんどん挑戦することが脳の刺激と栄養になる。そういう脳の状態では報酬系が働き、ドーパミンが分泌され、快感が得られる。快感が得られると、もっと楽しい経験をしたくなる。

■定期的な運動

定期的に運動することも脳の活性化になる。ウオーキング、ジョッギングなどの有酸素運動を1日40分以上、週3日以上続けることが有効である。これが脳の血流を良くするばかりでなく、BDNFやIGF-1などの脳の栄養成分が増え、新しい神経細胞の生成を促し、セロトニンやドーパミンなどの神経伝達物質が増えて、快感が得られる。ストレスに対しても強くなり集中力が高くなる。

■朝の日光と適度な睡眠

朝に太陽の光を浴びることが、脳にとって好ましい。太陽の光を浴びると脳が覚醒し、セロトニンが分泌される。セロトニン神経は網膜に光の刺激を与えるだけで活性化するので、カーテンを開けて太陽光を部屋に取り入れるだけでも効果がある。また、メラトニンが日光を浴びてから15～16時間後に脳の松果体から分泌されて夜眠くなる。昼間にセロトニンが活性化されていないと暗くなってもメラトニンが作れない。セロトニンを材料としてメラトニンが作られるからである。十分な睡眠が得られると睡眠中に脳の情報が整頓されるので、翌日の思考力がアップする。

■人との交流と笑い

人との交流を楽しむこと、特に笑うことが脳の活性化になる。社会とつながり人と交流すると、何気ない会話であっても、言葉を理解する、相手を思いやる、時間に気をつかうなど、脳の多くの部分が活性化する。その中に異性がいると、性ホルモンが分泌されて若さを保つのにより有効である。さらに、笑うと脳が元気になり、やる気が出て、免疫力が増え、ストレスも緩和される。人と交流するなかで笑うのが最も効果があるが、落語を聞いて笑うのもよいし、毎朝鏡を見るときにニコッと笑うだけでも効果があるという。さらに、笑うことは、血行促進、自律神経のバランス、幸福感と鎮痛作用をもたらす。

■学習を続ける

学習とはいわゆる勉強ばかりでなく、資格の取得、違う分野の仕事、新しい趣味のための調べもの、料理など自分にとって新しいことには学習が必要である。学習によって記憶力も良くなり、意欲が増える。新しいことをやると脳のいろんな部位が活動することになり、脳が活性化する。

また、読書を続ける人は視覚野や言語中枢だけでなく、眼球を動かすための運動野、記憶回路、情動回路、前頭前野などを動員するので脳が活性化する。ジャンルは何でもよく、自分の興味に合わせ、好きなジャンル、好きな作家、話題の本などを選ぶ。

■目標を持った生活をする

手が届く目標に取り組む。最初から高い目標を設定すると、気後れして行動を起こせない。手が届く目標であれば容易に行動に移せる。行動すると気分が変わって習慣化しやすい。目標を文章に書くと、脳はそれを現在のこととして処理するので脳はやる気を出して報酬物質のドーパミンを出す。小さな成功体験を積み重ねると、やる気を出した脳は、目標の実現のための行動を次々と思いつく。小さな目標を達成したときは、例えば家族と外食に行くなど自分に報酬を与えるのも効果がある。報酬があると脳からドーパミンが出てやる気が出る。目標の内容は、1日に7000歩歩く、料理を覚える、資格をとる、楽器が弾けるようになるなど自分にとって意味があれば何でもよい。

まとめ　脳の若さを保持するには環境的な要因も重要である。脳を変えるには考え方を変えるだけでは実現しない。行動を変え、それを習慣化することが必要である。楽しいことの習慣化、定期的な運動、朝の日光と適度な睡眠、人との交流と笑い、学習の継続、目標を持った生活をすることがドーパミンやセロトニンの分泌を促し、脳を活性化する。

コラム 12　BDNF（脳由来神経栄養因子）

BDNF は、神経栄養因子の 1 つである。BDNF は、標的細胞表面上にある特異的受容体に結合し、神経細胞の生存・成長・シナプスの機能亢進など神経細胞の成長を調節する脳細胞の増加に不可欠な神経系の液性タンパク質である。

BDNF は、中枢神経系や末梢神経系に作用し、神経細胞が維持されるようにサポートし、神経細胞の成長を促したり、新しい神経細胞やシナプスに分化することを促す。脳の中では、BDNF は、学習、記憶、高度な思考に必須の領域である海馬、大脳皮質、大脳基底核で活性化される。BDNF は、網膜、運動神経細胞、腎臓、唾液腺、前立腺にも作用する。

哺乳類の脳にある大多数の神経細胞は、胎児期に形成されるが、成人の脳の一部分では、神経幹細胞から神経発生として知られるプロセスにより、新しい神経細胞を成長させる。神経栄養因子は、神経発生を刺激し、コントロールする化学物質で、その中でも BDNF は最も活性がある。

◎ BDNF の加齢やストレスへの影響

BDNF は加齢によって減少することが明らかになっており、うつ病や統合失調症、認知症などは脳内の BDNF の減少により発症率が上がるとされている。 BDNF は、神経細胞を正常に動作させるので、結果としてセロトニンやドーパミンなどの神経伝達物質の合成を正常化させ、記憶の定着や学習効果の最適化、意欲や情動のバランスを整えると考えられる。BDNF の減少がセロトニンの減少をもたらし、精神疾患の原因となる。脳内の BDNF はストレスによって減少することが明らかになっている。 脳がストレスを感じると、副腎からコルチゾールが分泌され、脳内のさまざまな神経系がダメージを受け、精神疾患などにつながる。

◎ BDNF と運動との関係

身体運動は、ヒトの脳において、BDNF の合成を 3 倍程度にまで増加させることが知られている。ウオーキング、ジョッギングなどの有酸素運動を 1 日 40 分、週 3 日以上続けると脳の血流を良くし、BDNF や IGF-1 などの脳の栄養成分が増え、新しい神経細胞の生成を促し、セロトニンやドーパミンなどの神経伝達物質が増えて、快感が得られる。ストレスに対しても強くなり集中力が高くなる。学習能力も向上して、学業や仕事の能率アップにつながる。

第13章

脳が関わる病気

脳が関わる病気の中で、うつ病、統合失調症、認知症には、多くの人が苦しんでいるが、根本的な治療法がなく、脳科学的な理解も道半ばである。本章では、第81～83話で、この3つの病気に関する医学の現状について述べる。第84話では、松澤氏が開発したこれらの病気に対する画期的な診断法と治療法について述べる。

第81話 うつ病とは？

年間の自殺者は2005年に約3万4000人と最大となったが、その後しだいに減少して2019年には約2万人となっている。そのうちうつ病が原因の1つと見られるケースが半数以上を占めている。

■うつ病の種類

うつ病の診断基準としてアメリカ精神医学会のDSMと呼ばれる基準がある。うつ病は見かけの病状がいろいろあって混乱していたため診断基準が作られた。DSMでいう大うつ病とは1つの病気ではなく、うつ状態を示す症候群である。DSM-Ⅳでは、大うつ病以外に、双極性障害、気分変調症、失調感情障害、一般身体疾患による気分障害、物質誘発性気分障害が列挙されている。「双極性障害」は従来躁うつ病と呼ばれ、躁状態とうつ状態とが交互に現れる病気である。このうち双極性障害Ⅰは、社会生活上の障害を招く重い躁状態を伴うが、双極性障害Ⅱは、生活に支障はない程度の軽い躁状態を伴う。双極性障害Ⅱはうつ病と間違われやすいが、抗うつ薬は双極性障害には効かない。「気分変調症」は、比較的軽いうつ状態が2年以上続き、パーソナリティー障害との区別がつきにくい。「失調感情障害」は統合失調症と気分障害との中間に位置するもので、躁状態やうつ状態の最中に幻聴や妄想などの精神症状が現れる。

■うつ病の診断

うつ病にはいろんなタイプがあるが、抗うつ剤が有効なことが多いということが共通項とされている。病状も経過によって変わることが多く、それによって処方する薬も変えられる。理化学研究所の精神疾患研究チームの加藤忠史氏によれば、うつ病に関する客観的な検査基準がなく、患者の訴える症状によって医師が病気の有無を判断している。また、患者の訴える症状の変化によって医師の分類や診断も変わる。抗うつ薬の種類を変えて、それが効くか効かないかによって判断することも多い。

■うつ病の症状

ある時期「うつ病は心の風邪」と呼ばれ、誰でもかかる可能性のある病気で、まじめで几帳面な人はかかりやすいと言われた。

うつ病の典型的な症状は、抑うつ気分があること、興味や喜びの喪失が1日中あり、それが2週間以上続くことである。さらに、食欲がなくて体重が減る、不眠、動作が緩慢あるいはじっとしていられない、疲れやすいなどの4つの身体症状、また、自分を責める、集中できない、死にたくなるなどの3つの精神症状のどれかが当てはまる。

■うつ病の脳科学的な理解

抗うつ薬の最も典型的なものは選択的セロトニン再取り込み阻害剤（SSRI）である。SSRIはセロトニン取り込み口に働いてシナプスにおけるセロトニン量が減少するのを防ぐと考えられている。ということは、うつ病の原因はシナプスにおけるセロトニン量の減少ということになる。これがセロトニン仮説である。抗うつ薬としてのSSRIは副作用も少ないことから多用されている。しかし、セロトニン仮説で納得できないのは、SSRIを服用してセロトニンが脳内で増加していると考えられる数時間後でも効果はなく、1～2週間経ってようやく改善が認められる点である。

一方、抗うつ剤投与から3週間後、または電気けいれん療法によって、脳由来神経栄養因子（BDNF）が増加していることが認められた。BDNFは、神経細胞が活動すると、神経細胞から放出され、相手の細胞の突起を伸ばすなどの働きをする事実から、抗うつ薬は脳内でセロトニンを増やすことを介してBDNFを増やし、神経細胞の突起を伸ばす効果あると考えられる。また、ストレスを与えると神経細胞の突起が縮んでしまうという実験結果もある。これらを合わせて、「うつ病では神経細胞の突起が萎縮していて、抗うつ薬によって突起が伸びると治る」と考えられるようになった。これは、うつ病の神経可塑性仮説と呼ばれている。また、神経の新生を放射線で止めると、抗うつ薬が効かなくなる。この事実から、神経新生の低下もうつ病と関係しているとの考えも生まれている。

うつ病は遺伝の影響を受けるし、また幼少時の虐待など環境の影響も大きいとされている。高養育および低養育の環境で育ったラットでは、ストレスの感受性に違いがあり、遺伝的な違いではないとしてエピジェネティクスに着目した研究が進んでいる。エピジェネティクスとは、DNA塩基配列の変化を伴なわない細胞分裂後も継承される遺伝子発現の変化を研究する学問である。幼少時の環境がDNAのメチル化という形で記憶されている説がある。

まとめ　うつ病では抑うつ気分、興味や喜びの喪失が2週間以上続く。うつ病の客観的な検査基準がなく、患者の訴える症状で医師が病気の有無を判断している。うつ病では、選択的セロトニン再取り込み阻害剤が抗うつ薬として効くのでセロトニン不足が関係している。抗うつ薬によって萎縮していた神経細胞の突起が伸びると治ると考えられている。

第82話　統合失調症とは？

統合失調症は、主要な精神疾患の1つで、10代後半~30代に発症する。人口の約1％、100人に1人がかかる可能性があるとされている。統合失調症になると、直接の原因がないのに考えや気持ちがまとめることができなくなり、その状態が長期間続く。そのため、日常生活が不安定な状態になる「生きづらさ」がある。統合失調症の人が、最も困難を感じるのは対人関係である。回復には治療や援助が必要になる。

■陽性症状と陰性症状

「陽性症状」とは、幻覚や妄想、興奮状態などである。誰かが自分を見張っているとか、誰もいないのに人の声が聞こえてくるとかの幻覚や妄想が生じ、行動や思考において自己所有感がなくなる状態である。

「陰性症状」は、自発性が乏しくなる、感情の表現が鈍くなり、人付き合いが苦手になる、精神の柔軟性が失われるなどの状態である。1日の大半をぼんやり座り込んで過ごす無為自閉の状態になるケースが多く見られる。統合失調症では、病気の初期は陽性症状が現れ、長期になるにつれて陰性症状になっていく傾向が見られる。

対人関係や自我機能など、人間で特に発達した脳機能の障害が想定され、それに対応する脳構造や脳機能の変化があると考えられている。

■統合失調症の診断

診断は本人や家族からの症状の聞き取りによって行われる。そのための国際的な基準としてICD-10やDSM-Ⅳがある。統合失調症と診断するためには、典型的な症状が1か月以上続き、何らかの症状が6か月以上持続することが必要とされている。幻覚や妄想を示す病気はほかにもあるので、診断には専門家の判断が必要である。身体的な病気と違って検査の結果に基づいて診断することはできない。ただ、脳の病変をチェックするため、脳波、CT、MRIなどの測定を行うことがある。

■統合失調症の原因

統合失調症の原因は、今のところ明らかではない。進学、就職、独立、結婚などの人生の進路における変化が発症の契機となっていることが多い。ただ、それは発症のきっかけではあっても原因ではない。

統合失調症の原因は明らかではないが、患者の脳にいくつかの変化がある。1つは、神経伝達物質の異常である。

神経伝達物質の1つであるドーパミンの作用が過剰になって幻覚や妄想が起こることが知られている。セロトニン、グルタミン酸、GABAなどの神経伝達物質も関係していると考えられるが、詳細は明らかではない。また、脳の構造の異常も関わっているのではないかと言われている。CTやMRIで患者の脳を検査すると、前頭葉や側頭葉の体積が健康な人よりも小さいことが明らかになっている。しかし、それが統合失調症の原因とは言えない。

■薬物療法

統合失調症の治療には薬物療法と心理社会的な治療が用いられる。幻覚や妄想が見られる急性期には薬物療法をきちんと行うことが不可欠である。薬物療法として、抗精神病薬が用いられる。抗精神病薬の作用として、①幻覚や妄想などの陽性症状を改善する抗精神病作用、②不安、不眠、興奮などを軽減する鎮静催眠作用、③感情や意欲の障害などの陰性症状を改善する精神賦活作用の3つがある。

抗精神病薬にはいろいろな種類があり、それぞれの薬物によって上記3種類の効果のいずれが強いかの違いがある。患者の病状を見極めて、種類と量が決められる。ある程度試行錯誤があるのはやむを得ない。

■抗精神病薬のドーパミン受容体遮断仮説

抗精神病薬による幻覚や妄想の改善作用は、ドーパミンD2受容体を遮断することによるという仮説がある。神経伝達はシナプスで神経伝達物質がシナプス前細胞とシナプス後細胞の間で行われる。ここで、シナプス後細胞にはドーパミン受容体が5種類あるが、そのうちの1種であるドーパミンD2受容体に抗精神病薬が結合することによってドーパミンの作用を遮断すると考えられる。ドーパミンの過剰な作用が幻覚や妄想を引き起こすと考えられるからである。この仮説の根拠は、抗精神病薬の投与量とドーパミンD2受容体の遮断作用とが強い相関を示すことによる。

まとめ　統合失調症は主要な精神疾患の1つで、10代後半～30代に発症し、100人に1人がかかるとされている。幻覚や妄想などの陽性症状と乏しい自発性や鈍い感情表現などの陰性症状とがある。原因は明らかではなく、主として薬物療法が用いられる。抗精神病薬の効果は、ドーパミン受容体の遮断作用によると考えられている。

第83話 認知症とは?

認知症の患者は年々増加しており、2025年には65歳以上の人は5人に1人が認知症になると推定されている。

認知症は、さまざまな原因で脳の神経細胞が破壊または減少し、日常生活が正常に送れない状態になる。認知症には、アルツハイマー型認知症、脳梗塞や脳出血をきっかけに発症する脳血管型認知症、レビー小体型認知症などがある。認知症は高齢者が発症することが多いが、30～50代の若い人が発症することもある。

■認知症の原因

アルツハイマー型認知症は認知症の約60%を占める。その原因として、脳にアミロイドβという特殊なタンパク質がたまり、脳細胞が壊れてしまうため起こるというアミロイド仮説が有力とされている。このアミロイドβは若いときから蓄積し、高齢になって発症すると考えられている。アミロイドβが蓄積すると、やがて神経細胞の中にタウタンパクがたまり、神経細胞の機能が失われていく。30～50代の若い人が発症する場合は遺伝が関係していると言われる。ただ、アミロイド仮説には疑問もある。アミロイドβを薬で除いても認知症は進行するという研究もある。

脳血管型認知症は認知症の約20%を占める。脳の血管壁にコレステロールなどが沈着して血液の通り道が狭くなり、やがて血栓ができると組織が死んでしまい、認知症を発症する。

■認知症の症状

中核症状は、記憶障害で、脳の神経細胞の破壊によって起こる。特に、直前に起きたことも忘れるような症状が顕著である。その一方、古い過去の記憶はよく残るが、症状の進行とともに、それらも失われることが多い。また、筋道を立てた思考ができなくなる判断力の低下、時間や場所・名前などがわからなくなる見当識障害などがある。

周辺症状は、脳の障害により生じる精神症状や行動の異常をいう。具体的には、妄想を抱いたり、うつ感や不安感、無気力といった感情障害などの精神症状と、徘徊、興奮、攻撃、暴力などの行動の異常が見られる。

■認知症の診断

症状の聞き取りや、記憶能力、注意力、計算力、言語能力などの検査から総合的に判断される。短時間で認知能力を確認する「長谷川式簡易知能評価スケール」といった知能検査がよく行われる。また、症状を見極めるための頭部

MRI、CT、PET、SPECTなどを行うこともある。認知症の患者のMRI検査で、海馬の極端な萎縮が見られることが多い。

■認知症の治療薬

脳内で神経伝達物質のアセチルコリンが減少すると、情報の伝達能力が低下する。ドネペジルは、アセチルコリン活性を高める薬で、認知機能の改善や悪化予防効果がある。また、NMDA受容体阻害薬のメマンチンは、グルタミン酸の過剰刺激から神経細胞を守る薬である。興奮しやすい症状やすぐに怒る症状がある場合に改善効果がある。ただ、いずれの薬も根本的に病気を治す効果はなく、症状を改善したり、進行を遅らせたりするものである。

■認知症の改善と予防のための生活習慣

最も効果のある生活習慣として世界で推奨されているのが運動である。運動としては、早歩き、ジョギング、水泳などを1日30分以上、週3回以上続けることが望ましい。

ホノルル在住の日系人の男性高齢者（71～93歳）の2257人を対象に6年間の追跡調査を行った結果、1日3・2㎞（2マイル）以上歩いた高運動群のアルツハイマー型認知症の低運動群に比べて発症率は1／2・2であった。さらに、フィンランドで1449名の調査結果は、中年期から週2回以上少し汗をかく程度の運動を20～30分程度行うことで、20年後のアルツハイマー型認知症の発症リスクが0・38と約1／3に低下していた。

動物実験でもそれらを裏づけるデータがある。自発的にたくさん運動したマウスの海馬の神経細胞では、あまり運動しない場合に比べて脳由来神経栄養因子（BDNF）の量が3倍程度増えていた。これにより、海馬では新しく神経細胞が生成したものと考えられる。

また、ストレスが海馬の神経細胞に害を与え、BDNFを減少させることも明らかになっている。ストレスによってうつの症状が現れ、認知症を悪化させる。ストレスに強くなるには、セロトニンを増やすことが必要で、それには運動が効果がある。さらに、セロトニンを生成するには原料のトリプトファンというアミノ酸が必要で、魚や肉などから摂る必要がある。

まとめ　アルツハイマー型認知症は認知症の約60％を占め、脳にアミロイドβとタウタンパクがたまるのが原因とされる。記憶障害が中核症状で、不安感などの精神症状、徘徊、暴力などの行動の異常が起こる。進行を遅らせる薬はあるが、根本的な治療法はない。認知症の予防に効果のある生活習慣として推奨されているのが運動である。

第84話 うつ病、統合失調症、認知症は治るか？

うつ病、統合失調症、認知症は、病気の原因に関する科学的な説明が十分になされていない。病気の診断は医師が患者の症状を聞き取り行っている状態で、科学的な根拠に基づく客観的な診断法がない。治療法としては、うつ病に対しては抗うつ薬、統合失調症に対しては抗精神薬で対応しているが、認知症に対しては有効な治療薬がなく、症状の進行を遅らせる薬が処方されている程度である。こんな状態では、これらの病気を確実に治せるとは言えない。

■うつ病、統合失調症、認知症の画期的な診断法

東北大学名誉教授で、放射線科や脳疾患を専門とする松澤大樹氏が考案したＭＲＩを用いた画期的な診断法が注目される。

松澤氏は1980年代に認知症の患者3万7000人について X線 CTやＭＲＩを用いて脳萎縮と認知症との関係を調べたが、関係はなかったという。そのときの経験からＭＲＩ画像による松澤式断層法を思いついた。

松澤氏はうつ病、統合失調症、認知症に共通する心の脳は大脳辺縁系にあるとして大脳辺縁系を明瞭に画像化できる方法を思いついた。この方法では**図51**に示すように、眼窩と外耳道を結ぶＯＭラインを基準とするのではなく、大脳の側脳室《そくのうしつ》後下角に平行な線を基準とする。これにより、大脳辺縁系の画像が明瞭に得られるようになった。

■松澤式のうつ病、統合失調症、認知症の診断

松澤氏は図51の方法を用いてうつ病、統合失調症、認知症の診断を行った。その結果を**図52**に示す。(b) に矢印で示すように、うつ病による組織の崩壊（傷）は扁桃体の上部の海馬に近い位置に左右対称に起き、(c) に矢印で示すように、統合失調症による組織の崩壊（傷）は扁桃体の下部に左右対称に組織の崩壊が起きていて三日月型の向きはうつ病とは向きが逆になっている。うつ病と統合失調症は従来の精神科の診療では別の病気とされているが、松澤氏は両者を併発する1つの病気と捉え、混合型精神病としている。(d) はアルツハイマー型認知症の画像で、白い矢印で示すように海馬および扁桃体の連なりが極端に細くなり、側脳室後下角が異常に拡大している。特に、海馬の極端な萎縮が認知症の特徴である。

■心の脳の再生

松澤氏はうつ病、統合失調症、認知症の3つの病気に対する基本的な方針としては、①セロトニンを増やす。②ドー

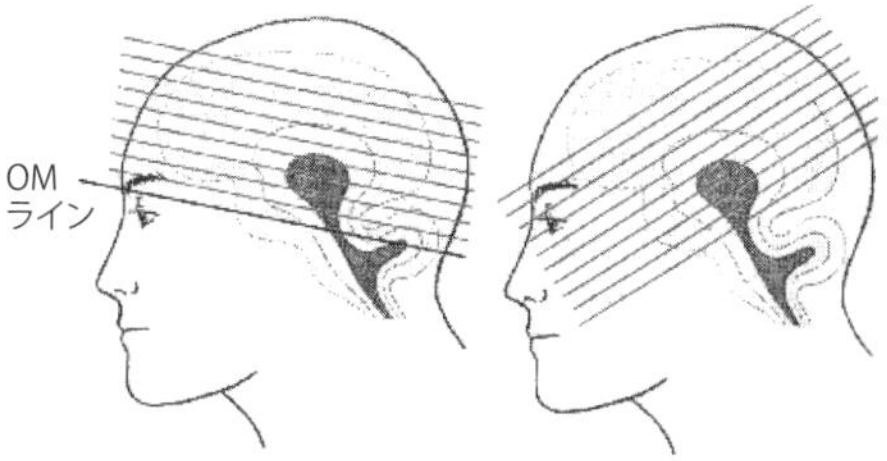

（a）従来法　　（b）松澤式

出典：松澤大樹著『神経幹細胞による「心の脳」の再生』西村書店、2013

図51　（a）従来法および（b）松澤式のMRI画像の撮像の方法

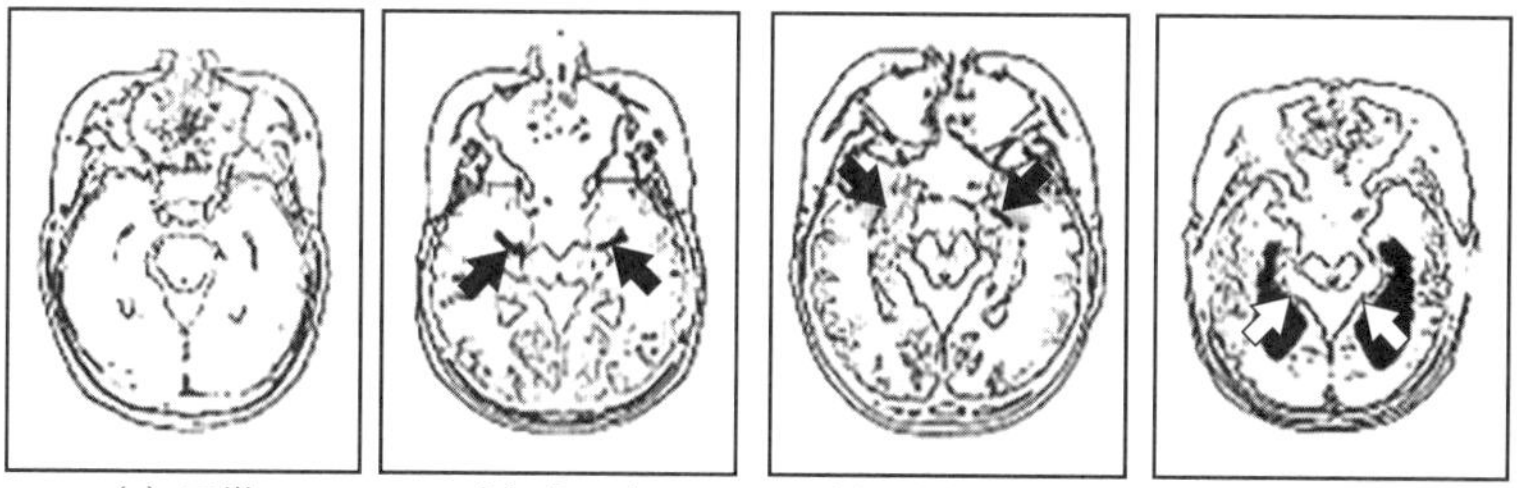

（a）正常　（b）うつ病　（c）統合失調症　（d）認知症

出典：松澤大樹著『神経幹細胞による「心の脳」の再生』西村書店、2013

図52　うつ病、統合失調症、認知症のMRI画像

パミンを減らす。③神経幹細胞の増殖と分化を促進するを挙げる。これは、うつ病、統合失調症、認知症に共通の治療方法である。

健康には、セロトニンと総ドーパミン（L-ドーパ、ドーパミン、ノルアドレナリンの総量）とのバランスが必要であるが、セロトニンが不足すると病気になりやすい。ストレスに対してノルアドレナリンが分泌されるが、それが継続すると脳の海馬が萎縮し、セロトロンの分泌が少なくなる。

神経幹細胞の増殖と分化に対しては、主として運動が効果がある。運動によって、扁桃体や海馬において崩壊した部位に神経細胞のコロニー（集合体）が生成していることがMRI像などから確認されている。MRI像の傷がなくなり、痕跡だけが見える状態になると治癒と判断される。

■薬剤療法

松澤氏はうつ病と統合失調症を一つの病気と考えて治療する。実際、うつ病と診断された患者には統合失調症の崩壊像があるし、統合失調症と診断された患者にうつ病の崩壊像が見られることが多い。したがって、抗うつ薬と抗精神病薬の両方の薬を同時に処方し、かつ必要最小量とした。その理由は、薬は神経幹細胞を育てるには毒として働くからである。さらに、心の脳を休める薬は夜に、脳の機能を活性化する薬は昼に使用した。

■食事療法

セロトニンを増やすにはその材料となるアミノ酸のトリプトファンを豊富に含む食品を摂る必要がある。カツオ、マグロ、ハマチなどの赤身の魚、また豚、牛、鶏などの肉類、大豆類である。さらに、ビタミンB6を多く含む食品も必要で、バナナも有効である。ビタミンB6はトリプトファンからセロトニンを作るときに触媒の役割をする。

■運動療法

運動はセロトニンを作るために非常に重要である。特に太陽光線がある朝に運動するとセロトニンができやすい。運動は何でもよく、ジョギングやウオーキングなどの有酸素運動、水泳などが好ましい。それらの運動を習慣化することが必要である。さらに、運動は下垂体からの成長ホルモン（GH）や脳由来神経栄養因子（BDNF）の分泌を促し、神経幹細胞の増殖と分化を促進させる。

■治療成績

治る割合は、うつ病と統合失調症は80〜90％、認知症は約50％とされる。認知症の場合は高齢者が多く、病変が進んで神経幹細胞の増殖が間に合わないケースが多いためである。高齢者の場合は運動療法が困難だったり、神経幹細胞の働きが弱かったりする。

こんなに治療成績が良いのに、医学界でなぜこの方法が用いられないのか疑問になる。医療ジャーナリストの田辺功氏（『心の病は脳の傷』西村書店、2008）によれば、松澤氏はこの方法を東北大学を退職してから考案したので、論文も国際有力誌に掲載されず、医学界からも認められなかったとのことである。

まとめ　松澤式のうつ病、統合失調症、認知症のMRI画像による診断法と3つの病気を一体に捉えた治療法により、治癒率はうつ病と統合失調症は80〜90％、認知症は約50％とされる。治療方針は、セロトニンの増加、ドーパミンの減少および神経幹細胞の増殖と分化の促進である。これは、薬剤療法、食事療法、運動療法で達成され、MRI画像で確認される。

脳科学のはなし
科学の眼で見る日常の疑問

定価はカバーに表示してあります。

2020年11月10日　1版1刷発行

ISBN978-4-7655-4490-0 C1040

著　者　稲場秀明
発行者　長滋彦
発行所　技報堂出版株式会社
〒101-0051　東京都千代田区神田神保町1-2-5
電　話　営　業（03）（5217）0885
　　　　編　集（03）（5217）0881
　　　　F A X（03）（5217）0886
振替口座　00140-4-10
U R L　http://gihodobooks.jp/

日本書籍出版協会会員
自然科学書協会会員
土木・建築書協会会員
Printed in Japan

装丁：田中邦直　印刷・製本：愛甲社